全国高职高专机电系列规划教材

51单片机应用技术项目教程
（C语言版）

主编　孙立书

副主编　熊邦国

编著　吴　誉　邵康敏　余　伟

U0378089

清华大学出版社

北　京

内 容 简 介

本书结合最新的职业教育改革要求，通过20个基础知识学习任务和24个技能训练任务介绍了单片机硬件系统、单片机系统开发环境和开发工具、单片机并行端口应用、定时与中断系统、显示与键盘接口技术、A/D 与 D/A 转换接口、串行接口通信技术以及单片机应用系统设计等内容。本书注重技能训练，以实用项目为载体，以任务驱动引导教与学，内容贴近电子行业的职业岗位要求，项目案例具有很强的实用性、操作性、难易程度适中。本书配有电子教学课件、实训项目的仿真电路原理图、C语言源程序代码、基于 C 语言的试题库以及标准答案。

本书既可作为高职高专院校电子信息类、通信类、自动化类、机电类、机械制造类等专业单片机技术课程的教材，也可作为应用型本科院校、职工大学、函授学院、中职学校和单片机技术培训班的教材以及电子产品设计人员的参考用书。

图书在版编目（CIP）数据

51 单片机应用技术项目教程：C 语言版/孙立书主编. —北京：清华大学出版社，2015（2023.7重印）
全国高职高专机电系列规划教材
ISBN 978-7-302-38098-6

Ⅰ. ①5⋯ Ⅱ. ①孙⋯ Ⅲ. ①单片微型计算机-C 语言-程序设计-高等职业教育-教材
Ⅳ. ①TP368.1 ②TP312

中国版本图书馆 CIP 数据核字（2014）第 221081 号

责任编辑：朱英彪
封面设计：刘　超
版式设计：文森时代
责任校对：张丽萍
责任印制：曹婉颖

出版发行：清华大学出版社
　　　　　网　　　址：http://www.tup.com.cn，http://www.wqbook.com
　　　　　地　　　址：北京清华大学学研大厦 A 座　　邮　　编：100084
　　　　　社 总 机：010-83470000　　　　　　　邮　　购：010-62786544
　　　　　投稿与读者服务：010-62776969，c-service@tup.tsinghua.edu.cn
　　　　　质量反馈：010-62772015，zhiliang@tup.tsinghua.edu.cn
印 装 者：三河市龙大印装有限公司
经　　销：全国新华书店
开　　本：185mm×260mm　　印　张：16.25　　字　　数：385 千字
版　　次：2015 年 2 月第 1 版　　　　　　　印　　次：2023 年 7 月第 7 次印刷
定　　价：45.00 元

产品编号：058611-02

序　言

随着嵌入式产业的飞速发展,嵌入式系统产品正在不断地渗透到各个行业和领域之中。生活中常见的嵌入式电子产品,小到电饭煲、手机等,大到智能家电、车载电子设备等。采用嵌入式技术的电子产品都是以微处理器(CPU)为核心的,常见的微处理器有 ARM、DSP、FPGA/CPLD、SOC、MCU 等。本书主要以 8051 内核单片机(MCU)为核心内容,介绍其在控制领域中的应用。

编者结合自己近十年的单片机教学经验和指导学生参加相关技能竞赛的经验,花费大量的精力编写了本书,并力求能从项目引领、任务驱动等多方面体现出高职院校"教、学、做"一体化教学的特色。

本书顺应现代高等教育指导思想的变革,突出技能培养在课程中的主体地位,用项目引领理论,使理论从属于技能实践。本书既可作为高职高专院校电子信息、自动化控制、计算机应用技术、机电等相关专业单片机技术课程的教材,也可作为广大电子制作爱好者的自学用书。本书的特点主要包括以下几个方面:

1. 采用"项目驱动"的编写思路,突出技能培养在课程中的主体地位

本书以完成实际项目的思路和操作为主线,通过任务引领和贯穿多个知识点,使理论教授从属于技能培养。本书致力于教会学生如何完成工作任务,并关注学生能做什么,而不是知道什么。

2. 语言朴实、易懂,案例选取难易程度适中

无论是单片机基础知识部分还是任务训练部分,都紧扣"实用"这一原则进行介绍。本书丰富、精彩的插图,有助于读者理解知识,加深印象。

本书特别注重知识的铺垫和循序渐进。单片机技术及应用领域的知识内容多,难度大,知识抽象,入门难,需要开设的前导课程有电路分析基础、模拟电路、数字电路和 C 语言程序设计。没有这些基础的读者可能不知道该从哪里开始学习以及如何开始学习。本书从项目二开始就用形象生动的单片机应用实例不断铺垫,使单片机知识能流畅地被读者理解和吸收。

3. 选取典型的、具有扩展性和系统性的训练任务进行设计,贴近职业岗位需求

全书共安排了 44 个工作任务,一部分作为知识学习任务,另外一部分作为技能训练任务。本书精心选择训练任务,避免过大过繁,力求体现"精训精炼"的教学宗旨。同时,本书注重能力训练的延展性,每个任务既相对独立又保持密切的联系,具有扩展性,即后一个任务是在前一个任务的基础上进行功能扩展而实现的,使训练内容由点到线,由线到面,体现技能训练的综合性和系统性。

精心选编单片机系统综合训练任务也是本书的特色之一,其中综合了本书所有单元的训练内容,并引入了大量实际设计经验,起到了从训练到实战、承上启下的过渡作用。

4．从职业岗位需求出发，采用 C 语言编程

传统的单片机教学采用汇编语言进行控制程序设计。汇编语言的优点是比较灵活，但程序的可读性较差，不易理解，高职学生很难掌握其编程方法，更难进行灵活的应用。尤为重要的是，在实际工作中单片机应用产品的开发基本上不再采用汇编语言进行编程。因此，采用 C 语言编程是单片机教学改革的一项重要内容。

C 语言程序易于阅读、理解，程序风格更加人性化，且方便移植，目前已成为单片机应用产品开发的主流语言。本书以项目为载体，用工作任务引导教与学，把相关的 C 语言知识融合在工作任务中，以"够用"为度，让学生在技能训练中逐渐掌握其编程方法，易教易学。

5．从职业岗位需求出发，采用仿真教学法，实现从概念到产品的完整设计

本书打破了传统教材的原有界限，将理论学习与职业岗位基本技能融合在一起，通过引入 Proteus 仿真软件，并采用 C 语言编程，将学生从单片机复杂的硬件结构中解放出来，侧重于高职院校学生技能和动手操作能力的锻炼与提高。本书的读者在计算机上即可完成单片机电路设计、软件设计、调试与仿真，真正做到从概念到产品的完整设计，使学生理解和掌握从概念到产品的完整过程。

6．教学资源丰富，免费提供配套支持及服务

为方便教学，本书配套有电子教学课件、实训项目的仿真电路原理图、C 语言源程序代码、基于 C 语言的试题库以及标准答案，每个项目后面还配有相应的习题。有需要的老师可以联系清华大学出版社索取。

本书的 24 个训练任务主要涉及单片机最小系统的应用、单片机 I/O 端口的应用，定时器/计数器与中断系统的应用、显示与键盘接口技术、A/D 与 D/A 转换接口、串行接口通信技术等。

本书是 2013 年度浙江省教育厅课堂教学改革项目（kg2013851）的研究成果，2013 年度全国教育信息技术研究"十二五"规划青年课题（136241319）的阶段性研究成果，2013 年度浙江东方职业技术学院重点课题（DF201306）的研究成果，以及 2013 年浙江省大学生科技创新项目（2013R455001）的研究成果。

孙立书负责对本书的编写思路与大纲进行总体策划，指导全书的编写及对全书统稿，并编写了项目二～项目四和项目六。余伟协助完成统稿工作，并编写了项目一。熊邦国负责编写了项目五、项目七和项目十。邵康敏负责编写了项目八，吴誉负责编写了项目九。在此，对他们的辛勤付出表示诚挚的谢意。也对我的家人所给予我的工作上的莫大支持表示十分的感谢。

由于时间紧迫，加之编者水平有限，书中难免会存在一些不足和错误之处，真诚欢迎广大读者对本书提出建议和批评。

孙立书

2014 年 4 月 26 日

目　　录

项目一 认识单片机

目前单片机已渗透到人们日常生活的各个领域。导弹的导航装置，飞机上各种仪表的控制，计算机的网络通信与数据传输，工业自动化过程的实时控制和数据处理，广泛使用的各种智能 IC 卡，民用豪华轿车的安全保障系统，录像机、摄像机、全自动洗衣机的控制，以及程控玩具、电子宠物等，都离不开单片机。更不用说自动控制领域的机器人、智能仪表、医疗器械等。因此，单片机的学习、开发与应用将造就一批计算机应用与智能化控制领域的人才。

在本项目中，通过完成两个任务详细介绍单片机。

📖 任务一　了解单片机

📖 任务二　MCS-51 单片机的内存空间

1.1　任务一　了解单片机

1.1.1　单片机概述

单片机又称为微控制器（Micro Controller Unit，MCU），它是一种集成的电路芯片，是采用超大规模集成电路技术把具有数据处理能力的中央处理器 CPU、随机存储器 RAM、只读存储器 ROM、多种 I/O 接口和中断系统、定时器/计时器等功能（可能还包括显示驱动电路、脉宽调制电路、模拟多路转换器、A/D 转换器等电路）集成到一块硅片上构成的一个小而完善的计算机系统。

1. 单片机的发展

单片机根据其基本操作处理的二进制位数，可分为 4 位单片机、8 位单片机、16 位单片机和 32 位单片机。单片机的发展历史可大致分为 4 个阶段。

第一阶段（1974—1976 年）：单片机初级阶段。因工艺限制，单片机采用双片的形式且功能比较简单。1974 年 12 月，仙童公司推出了 8 位的 F8 单片机，实际上只包括了 8 位 CPU、64B RAM 和两个并行接口。AT89C51 单片机如图 1-1 所示。

图 1-1　AT89C51 单片机

第二阶段（1976—1978 年）：低性能单片机阶段。1976 年，Intel 公司推出的 MCS-48 单片机（8 位单片机）极大地促进了单片机的变革和发展。1977 年，GI 公司推出了 PIC1650，但这个阶段的单片机仍然处于低性能阶段。Microchip 系列单片机如图 1-2 所示。

第三阶段（1978—1983 年）：高性能单片机阶段。1978 年，Zilog 公司推出了 Z8 单片机；1980 年，Intel 公司在 MCS-48 单片机的基础上推出了 MCS-51 系列，Motorola 公司推出了 6801 单片机。这些产品使单片机的性能及应用跃上了一个新的台阶。此后，各公司的 8 位单片机迅速发展起来。这个阶段推出的单片机普遍带有串行 I/O 接口、多级中断系统、16 位定时器/计数器，片内 ROM、RAM 容量加大，且寻址范围可达 64 KB，有的片内还带有 A/D 转换器。这类单片机的性能价格比较高，被广泛应用，是目前应用数量最多的单片机。Microchip 系列高性能单片机如图 1-3 所示。

图 1-2　Microchip 系列单片机　　　　图 1-3　Microchip 系列高性能单片机

第四阶段（1983 年至今）：8 位单片机巩固、发展及 16 位单片机、32 位单片机推出的阶段。16 位单片机的典型产品为 Intel 公司生产的 MCS-96 系列单片机。而 32 位单片机除了具有更高的集成度外，其数据处理速度比 16 位单片机提高许多，性能比 8 位、16 位单片机更加优越。20 世纪 90 年代是单片机制造业大发展的时期，这个时期的 Motorola、Intel、ATMEL、德州仪器（TI）、三菱、日立、Philips、LG 等公司也开发了一大批性能优越的单片机，极大地推动了单片机的发展。近年来，又有不少新型的高集成度单片机产品涌现出来，出现了单片机产品丰富多彩的局面。目前，除了 8 位单片机得到广泛应用外，16 位单片机、32 位单片机也得到了广大用户的青睐。单片机的广泛应用如图 1-4 所示。

图 1-4　单片机的广泛应用

随着微电子技术的迅速发展，目前研制出了能够适用于各种应用领域的单片机。高性能单片机芯片市场也异常活跃，新技术使单片机的种类、性能不断提高，应用领域迅速扩大。单片机性能的提高和改进主要表现在以下几个方面。

1）微处理器的改进

（1）采用双微处理器结构，提高了芯片的处理能力，如 Rockwell 公司的 R6500/21 和 R65C29 单片机均采用双微处理器结构，大大提高了系统的处理能力。

（2）增加了数据总线宽度，从 8 位、16 位到 32 位，提高了数据处理的能力。

（3）采用精简指令集（RISC）结构和流水线技术，类似于高性能的微处理器，这类单片机的运算速度比标准的单片机高出 10 倍以上，提高了运行速度，能够实现简单的 DSP 功能，适合于数字信号处理。

（4）串行总线结构，将外部数据总线改为串行传送方式，提高了系统的可靠性。

2）存储器的改进

（1）增大了片内存储器的容量，有利于提高系统的可靠性。

（2）片内采用 E2PROM 和 Flash，可在线编程，读/写更方便，可对某些需要保留的数据和参数长期保存，提高了单片机的可靠性和实用性。

（3）采用编程加密技术，可以更好地保护知识产权。开发者希望软件不被复制、破译，可利用编程加密位或 ROM 加锁方式，达到程序保密的目的。

3）内部资源增多

单片机内部资源通常由其片内功能体现出来，单片机片内资源越丰富，构成的单片机控制系统的硬件开销就越少，产品的体积就越小，可靠性也就越高。近年来，世界各大半导体厂家热衷于开发增强型 8 位单片机，这类增强型单片机不仅可以把微处理器、RAM、ROM、定时器/计数器、I/O 接口和中断系统等电路集成到片内，而且片内新增了 A/D 转换器、D/A 转换器、监视定时器、DMA 通道和总线接口等，有些厂家还把晶振和 LCD 驱动电路也集成到了芯片之中。所有这些都有力地拓宽了 8 位单片机的应用领域。

4）I/O 接口形式增多、性能提高

（1）增加了驱动能力，减少了外围驱动芯片的使用，直接驱动 LED、LCD 显示器等，简化了系统设计，降低了系统成本。

（2）增加了异步串行通信接口，提高了单片机系统的灵活性。

（3）增加了逻辑操作功能，能进行位寻址操作，增强了操作和控制的灵活性。

（4）带有 A/D、D/A 转换器，可直接对模拟信号进行输入和输出。

（5）并行 I/O 接口设置灵活，可以利用指令将接口的任一位设置为输入、输出、上拉、下拉和悬浮状态。

（6）带有 PWM 输出，可直接驱动小型直流电动机，大大方便了使用。

5）低电压和低功耗

几乎所有的单片机都有 WAIT、STOP 等省电运行方式。允许使用的电压范围越来越宽，一般在 3～6V 范围内工作，可用电池作为电源。低电压供电的单片机电源下限可达 1～2V。目前，0.8V 供电的单片机已经问世。低功耗化单片机不仅是功耗低，而且具有较高的可靠性和抗干扰能力，以及产品的便携性。

2．单片机的特点

（1）高集成度，体积小，高可靠性

单片机将各功能部件集成在一块晶体芯片上，集成度很高，体积很小。芯片本身是按工业测控环境要求设计的，内部布线很短，其抗工业噪音性能优于一般通用的CPU。单片机程序指令、常数及表格等固化在ROM中，不易被破坏；由于许多信号通道均在一个芯片内，故可靠性较高。

（2）控制功能强

为了满足对对象的控制要求，单片机的指令系统均有极丰富的条件：分支转移能力、I/O接口的逻辑操作及位处理能力，非常适用于专门的控制功能。

（3）低电压，低功耗，便于生产便携式产品

为了满足广泛使用的便携式系统，许多单片机内的工作电压仅为1.8～3.6V，工作电流仅为数百微安。

（4）易扩展

片内具有计算机正常运行所必需的部件。芯片外部有许多可供扩展用的三总线及并行、串行输入/输出引脚，很容易构成各种规模的计算机应用系统。

（5）优异的性能价格比

单片机的性能极高。为了提高速度和运行效率，单片机中已开始使用RISC流水线和DSP等技术。单片机的寻址能力也已突破64KB的限制，有的已可达到1MB和16MB，片内的ROM容量可达62MB，RAM容量则可达2MB。由于单片机使用广泛，因而销量极大，各大公司的商业竞争更使其价格十分低廉，其性能价格比极高。

3．单片机的应用

目前单片机已渗透到日常生活的各个领域，导弹的导航装置，飞机上各种仪表的控制，计算机的网络通信与数据传输，工业自动化过程的实时控制和数据处理，广泛使用的各种智能IC卡，民用豪华轿车的安全保障系统，录像机、摄像机、全自动洗衣机的控制，以及程控玩具、电子宠物等都离不开单片机，专业性更强的还有自动控制领域的机器人、智能仪表、医疗器械等。

单片机广泛应用于仪器仪表、家用电器、医用设备、航空航天、专用设备的智能化管理及过程控制等领域，大致可分为如下几个范畴。

（1）在智能仪器仪表上的应用

单片机具有体积小、功耗低、控制功能强、扩展灵活、微型化和使用方便等优点，广泛应用于仪器仪表中，结合不同类型的传感器，可实现诸如电压、功率、频率、湿度、温度、流量、速度、厚度、角度、长度、硬度、元素、压力等物理量的测量。采用单片机控制，使得仪器仪表更加数字化、智能化、微型化，且功能比起采用电子或数字电路更加强大。例如精密的测量设备（功率计、示波器、各种分析仪等）。单片机在智能仪表上的应用如图1-5所示。

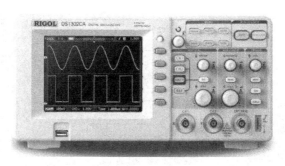

图 1-5　单片机在智能仪表上的应用

（2）在工业控制中的应用

用单片机可以构成形式多样的控制系统和数据采集系统，例如工厂流水线的智能化管理系统、电梯智能化控制系统、报警系统，以及与计算机联网构成的二级控制系统等。

（3）在家用电器中的应用

现在的家用电器基本上都采用了单片机控制，从电饭煲、洗衣机、电冰箱、空调机、彩电、其他音响视频器材，到电子秤量设备，五花八门，无所不在。单片机在家用电器中的应用如图 1-6 所示。

图 1-6　单片机在家用电器中的应用

（4）在计算机网络和通信领域中的应用

现代的单片机普遍具备通信接口，可以很方便地与计算机进行数据通信，为在计算机网络和通信设备间的应用提供了极好的物质条件。目前，通信设备基本上都实现了单片机智能控制，如手机、电话机、小型程控交换机、楼宇自动通信呼叫系统、列车无线通信、集群移动通信、无线电对讲机等。

（5）单片机在医用设备领域中的应用

单片机在医用设备中的用途亦相当广泛，例如医用呼吸机，各种分析仪、监护仪，超声诊断设备及病床呼叫系统等。单片机在医用设备领域中的应用如图 1-7 所示。

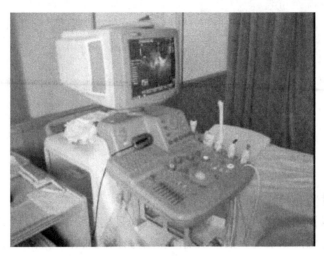

图 1-7　单片机在医用设备领域中的应用

（6）在各种大型电器中的模块化应用

使用某些专用单片机可实现特定功能，从而在各种电路中进行模块化应用，而不要求使用人员了解其内部结构。如音乐集成单片机，看似简单的功能，微缩在纯电子芯片中（有别于磁带机的原理），就需要复杂的类似于计算机的原理。例如，音乐信号以数字的形式存于存储器中（类似于 ROM），由微控制器读出，转化为模拟音乐电信号（类似于声卡）。在大型电路中，这种模块化应用极大地缩小了体积，简化了电路，降低了损坏、错误率，也便于更换。

此外，单片机在工商、金融、科研、教育、国防、航空航天等领域也都有着十分广泛的用途。

单片机应用的意义不仅在于其广阔的范围及所带来的经济效益，更重要的意义在于，单片机的应用从根本上改变了控制系统传统的设计思想和设计方法。以前采用硬件电路实现的大部分控制功能，正在用单片机通过软件方法来实现。以前自动控制中的 PID 调节，现在可以用单片机实现具有智能化的数字计算控制、模糊控制和自适应控制。这种以软件取代硬件并能提高系统性能的控制技术称为微控制技术。随着单片机应用的推广，微控制技术将不断得到发展完善。

4．单片机编程语言

从应用的角度来看，51 系列单片机常用的编程语言有 PL/M、C51 和汇编语言 3 种。

1）PL/M

PL/M 是 Intel 从 8080 微处理器开始为其系列产品开发的编程语言。它很像 PASCAL，是一种结构化语言，但它使用关键字定义结构。总的来说，PL/M 是"高级汇编语言"，可详细控制代码的生产。但对 51 系列单片机来说，PL/M 不支持复杂的算术运算、浮点变量，而且无丰富的库函数支持。学习 PL/M 无异于学习一种新语言，因此学习它的人较少。

2）C51

C51 是一种主要用于 51 单片机系统的标准 C 语言的变体。它也是高级语言，其主要特点如下：

（1）8051 存储器具有哈佛结构，程序与数据存储器分立，还可以进行位寻址。

（2）片上的数据和程序存储器空间较小，且同时存在向片外扩展的可能。

（3）片上集成的外围设备通过寄存器进行控制。

（4）51 单片机的派生门类非常多，且要求 C 语言对它们的每一个硬件资源都能进行操作。

上述特点是以台式 PC 机为基础的 C 语言所不具备的。经过 Keil/Franklin、Archmeades、IAR、BSO/TASKING 等公司的不懈努力，C 语言终于在 20 世纪 90 年代开始成熟，成为专业化的单片机高级语言。过去长期困扰人们的"高级语言代码过长，运行速度太慢，因此不适合单片机使用"的致命缺点已被克服。目前，51 单片机上的 C 语言代码长度已经做到了汇编水平的 1.2～1.5 倍。至于执行速度问题，只要有好的仿真器的帮助，找出关键代码，进一步人工优化，就可以达到十分完美的程度。而在开发速度、软件质量、结构严谨和程序坚固等方面，C 语言的优越性更是绝非汇编语言所能比拟。

用 C 语言编写程序的优点如下：

（1）C 语言是一种结构化程序设计语言，支持当前程序设计中广泛采用的由顶向下的结构化程序设计技术。

（2）应用程序的可移植性。C 语言是与硬件无关的通用程序设计语言，其本身并不包括输入/输出语句。C 语言可以通过输入/输出语句同硬件进行交互，而输入/输出语句中只有最底层的几个函数才与硬件设计有关。考虑到将来产品更新换代，需要更强有力的单片机时，用 C 语言写的程序往往可以直接移植，只需要重新编译即可。如果整个应用程序都用汇编语言编写，将来的移植是很难实现的。

（3）便于程序调试。应用程序的调试可以直接使用 C 语言。例如，C 语言中典型的按格式输出函数 printf()就是程序调试的有力工具，程序中的各个参数，包括一些中间变量都可以用这个函数在屏幕上显示出来，这比汇编语言程序调试中设断点的方法轻松许多。

（4）C 语言库函数丰富。C 语言提供了许多有用的库函数，如进行数学运算、数码转换、各种格式的输入/输出等操作的函数。为应用编写的一些汇编语言程序也可以放在库里，作为开发下一个产品的资源。

（5）源程序易读，易于修改。

（6）C51 提供了复杂的数据类型，如数组、结构、联合、枚举和指针等，极大地增强了程序处理能力和灵活性。

（7）提供了 auto、static 和 const 等存储类型和专门针对 51 单片机的 data、idata、pdata、xdata 和 code 等存储类型，自动为变量分配合理的地址。

（8）提供了 small、compact 和 large 等编译模式，以适应片上存储器的大小。

（9）可方便地接受多种实用程序的服务，例如，片上资源的初始化由专门的实用程序自动生成，实时多任务操作系统可调度多道任务，简化用户编程，提高运行的安全性等。

3）汇编语言

和 C51 语言相比，汇编语言的特点主要表现为以下几个方面：

（1）汇编语言是一种用文字助记符来表示机器指令的符号语言，是最接近机器码的一种语言。其主要优点是占用资源少、程序执行效率高。但是，不同的微处理器，其汇编语言可能有所差异，所以不易移植、可重用性低。可重用性即上次为某个项目编写的程序，再次使用时稍加修改即可。

（2）汇编语言的一条指令对应一个机器码，每一步执行什么动作都很清楚，并且程序大小和堆栈调用情况很容易控制，调试起来也比较方便。

（3）直接操作硬件，对单片机底层和接口时序很清楚。

适合用汇编语言编写的程序内容如下：

（1）系统的初始化，包括初始化单片机和各模块的控制寄存器，配置硬件相关的端口定义，以及设置堆栈指针建立 C 语言程序运行的环境等。

（2）中断向量的初始化，中断服务的入口、出口及开中断、关中断等。中断服务程序本身可用 C 语言编写，然后在汇编程序中调用 C 语言编写的子程序，完成中断服务。

（3）用汇编语言编写输入/输出函数，在 C 语言程序中调用这些函数。

总之，用汇编语言编写与硬件有关部分的程序，用 C 语言编写与硬件无关部分的程序，并处理好两部分程序之间的参数传递，是成功的关键。

因此，用 C 语言进行单片机程序设计是单片机开发与应用的必然趋势。用 C 语言编写目标系统软件会大大缩短开发周期，且显著增加软件的可读性，更便于后期改进和扩充，从而研制出规模更大、性能更完备的系统。

但对于单片机的初学者来说，若想深入掌握单片机的精髓，应该从汇编语言学起。因为汇编语言是最接近机器码的一种语言，学好汇编语言可以加深初学者对单片机各个功能模块的了解，从而打下扎实的基础。

1.1.2　AT89S51 单片机结构

AT89S51 是一种带 4KB 闪烁可编程可擦除只读存储器（Flash Programmable and Erasable Read Only Memory，FPEROM）的低电压、高性能 CMOS 8 位微处理器，俗称单片机。该器件采用 ATMEL 高密度、非易失存储器制造技术制造，与工业标准的 MCS-51 指令集和输出引脚兼容。由于将多功能 8 位 CPU 和闪烁存储器组合在单个芯片中，ATMEL 的 AT89S51 是一种高效微控制器，为很多嵌入式控制系统提供了一种灵活性高且廉价的方案。

AT89S51 单片机与 MCS-51 完全兼容，内部的结构如图 1-8 所示。

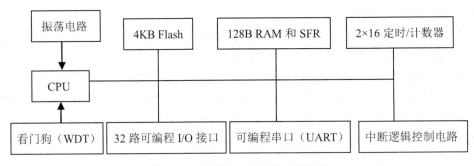

图 1-8　AT89S51 单片机的内部结构

从功能上分，AT89S51 单片机包括如下部件：一个 8 位中央处理器（CPU）；4KB 可在线编程 Flash，128B RAM 与特殊功能寄存器，两个 16 位定时/计数器，中断逻辑控制电路，一个全双工串行接口（UART），32 条可编程的 I/O 口线，还包括一些寄存器，如程序计数器 PC、程序状态寄存器 PSW、堆栈指针寄存器 SP、数据指针寄存器 DPTR 等部件。

（1）运算器的功能是进行算术和逻辑运算

运算器主要由算术逻辑单元 ALU（Arithmetic Logic Unit）和寄存器组成，实现加、减、乘、除、比较等算术运算和与、或、异或、求补、循环等逻辑操作。运算器中还包含一个布尔处理器，可以执行置位、清零、求补、取反、测试、逻辑与、逻辑或等操作，为单片机的应用提供了极大的便利。

（2）控制器的主要功能是产生各种控制信号和时序

在 CPU 内部协调各寄存器之间的数据传送，完成 ALU 的各种算术或逻辑运算操作；在 CPU 访问外部存储器或端口时，提供地址锁存信号 ALE、外部程序存储器选通信号 PSEN 以及读、写等控制信号。

（3）寄存器

CPU 中还有一些寄存器，如累加器（ACC）、程序状态字（PSW）、B 寄存器、程序计数器 PC 、堆栈指针（SP）、指令寄存器（IR）等，这些寄存器有的在片内特殊功能寄存器空间有地址映像，既可看作 CPU 的寄存器，也可看作具有确定单元的存储单元。

❑ 累加器 ACC（Accumulator）：ACC 是一个 8 位的寄存器，也是 CPU 中最重要、最繁忙的寄存器，许多运算中的数据和结果都要经过累加器。

❑ 程序状态字 PSW（Program Status Word）：PSW 是一个 8 位的寄存器，用于存放程序运行结果的一些特征。本书将在 1.2.2 节详细介绍。

❑ B 寄存器：B 寄存器主要用于和 ACC 配合，完成乘法和除法运算，并存放运算结果。不进行乘、除运算时，B 寄存器可作为 RAM 使用。

❑ 程序计数器 PC：程序计数器 PC 用来存放即将执行的指令地址。它是一个独立的 16 位寄存器，没有内存映射单元，总是指向将要执行的指令的地址，并具有内容自动加 1 功能。

❑ 堆栈指针 SP（Stack Pointer）：堆栈指针 SP 是一个指向堆栈顶部的指针，当执行子程序调用或中断服务程序时，需要将下一条要执行的指令地址，即 PC 值压入堆栈保存起来，当子程序或中断返回时，再将 SP 指向单元的内容回送到程序计数器 PC 中。这是一个很重要的指针。

❑ 指令寄存器 IR（Instruction Register）：指令寄存器的功能是存放指令代码，CPU 执行指令时，由程序存储器中读取指令代码，送入指令寄存器，经译码器译码后，由定时与控制部分发出相应的控制信号，以完成指令功能。指令寄存器 IR 也没有内存映射单元。

（4）布尔（位）处理器

除对字节（Byte）进行操作外，AT89S51 单片机借用 PSW 中的 C 可以直接对位（Bit）进行操作。在进行位操作时，类似于进行字节操作的 ACC，用作数据源或存放结果。通过位操作指令可以实现置位、清零、取反以及位逻辑运算等操作。

1.1.3 AT89S51 单片机引脚功能

AT89S51 的引脚和封装共有 4 种，如图 1-9 所示。

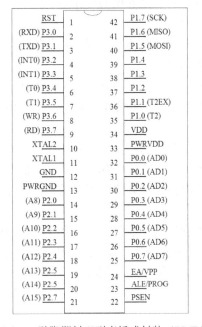

（a）40 引脚塑料双列直插式封装（PDIP）

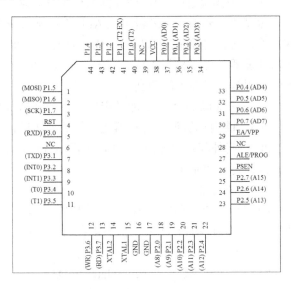

（b）44 引脚薄型四方扁平封装（PLCC）

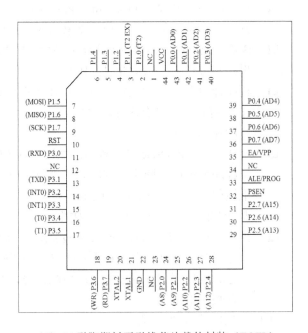

（c）42 引脚塑料双列直插式封装（PDIP）

（d）44 引脚塑料无引线芯片载体封装（TQFP）

图 1-9 AT89S51 的引脚和封装

下面以 40 引脚塑料双列直插式封装（PDIP）芯片为例，介绍各个引脚的功能。

1）电源引脚 VCC 和 GND

（1）GND（20）：接地端。

（2）VCC（40）：正常操作时为+5V 电源。

通常在 VCC 和 GND 引脚之间接 0.1μ 高频滤波电容。

2）外接晶振引脚 XTAL1 和 XTAL2

（1）XTAL1（19）：内部振荡电路反相放大器的输入端，是外接晶体的一个引脚。当采用外部振荡器时，此引脚接地。

（2）XTAL2（18）：内部振荡电路反相放大器的输出端，是外接晶体的另一端。当采用外部振荡器时，此引脚接外部振荡源。

3）控制或与其他电源复用引脚 RST、ALE/$\overline{\text{PROG}}$、$\overline{\text{PSEN}}$ 和 $\overline{\text{EA}}$/VPP

（1）RST（9）：当振荡器运行时，在此引脚上出现两个机器周期的高电平（由低到高跳变），将使单片机复位。

（2）ALE/$\overline{\text{PROG}}$（30）：地址锁存允许/编成脉冲输入。在访问外部程序存储器和外部数据存储器时，该引脚输出一个地址锁存脉冲 ALE，其下降沿可降低 8 位地址，锁存于片外地址锁存器中。

在编程时，向该引脚输入一个编程负脉冲$\overline{\text{PROG}}$。正常操作时为 ALE 功能（允许地址锁存）提供把地址的低字节锁存到外部锁存器，ALE 引脚以不变的频率（振荡器频率的 1/6）周期性地发出正脉冲信号。

（3）$\overline{\text{PSEN}}$（29）：外部程序存储器读选通信号输出端，低电平有效。在从外部程序存储取指令（或数据）期间，$\overline{\text{PSEN}}$ 在每个机器周期内两次有效。在访问外部数据存储器时，$\overline{\text{PSEN}}$ 无效。

（4）$\overline{\text{EA}}$/VPP（31）：内部程序存储器和外部程序存储器选择端。当 $\overline{\text{EA}}$/VPP 为高电平时，访问内部程序存储器；当 $\overline{\text{EA}}$/VPP 为低电平时，则访问外部程序存储器。

在 Flash 编程时，该引脚可连接 21V 的编程电源VPP。

4）输入/输出引脚 P0.0～P0.7，P1.0～P1.7，P2.0～P2.7，P3.0～P3.7

（1）P0 口（32～39）：一个 8 位漏极开路型双向 I/O 口。

当用作通用 I/O 口时，每个引脚可驱动 8 个 TTL 负载；当用作输入时，每个端口首先置 1。

在访问外部存储器时，它是分时传送的低字节地址和数据总线，此时，P0 口内含上拉电阻。

（2）P1 口（1～8）：一个带有内部提升电阻的 8 位准双向 I/O 口。

当用作通用 I/O 口时，每个引脚可驱动 8 个 TTL 负载；当用作输入时，每个端口首先置 1。

P1.1 和 P1.2 引脚也可用作定时器 2 的外部计数输入（P1.0/T2）和触发器输入（P1.1/T2EX）。

（3）P2 口（21～28）：一个带有内部提升电阻的 8 位准双向 I/O 口，在访问外部存储器时，输出高 8 位地址。P2 口可以驱动 4 个 TTL 负载。当用作输入时，每个端口首先置 1。

（4）P3 口（10～17）：一个带有内部提升电阻的 8 位准双向 I/O 口，能驱动 4 个 TTL 负载。当用作输入时，每个端口首先置 1。P3 口还有第二功能，如表 1-1 所示。

表 1-1　P3 口的第二功能

引　　脚	第 二 功 能	说　　　明
P3.0	RXD	串行口输入端
P3.1	TXD	串行口输出端
P3.2	INT0	外部中断 0 请求输入端
P3.3	INT1	外部中断 1 请求输出端
P3.4	T0	定时器 0 计数脉冲输入端
P3.5	T1	定数器 1 计数脉冲输入端
P3.6	WR	外部 RAM 写选通输出端
P3.7	RD	外部 RAM 读选通输出端

1.1.4　并行 I/O 端口电路

单片机有 4 组 8 位并行 I/O 端口，称为 P0 口、P1 口、P2 口和 P3 口；每个端口都各有 8 条 I/O 口线，每条 I/O 口线都能独立地用于输入或输出。P0 口负载能力为 8 个 TTL 门电路，P1 口、P2 口和 P3 口负载能力为 4 个 TTL 门电路；归入特殊功能寄存器之列，具有字节寻址和位寻址功能。

1. P0 口

P0 口某位结构图如图 1-10 所示，由一个数据输出锁存器（D 触发器）、两个三态数据输入缓冲器、一个输出控制电路和一个输出驱动电路组成。输出控制电路由一个转换开关 MUX、一个与门及一个非门组成；输出驱动电路由一对场效应管（V1 和 V2）组成，其工作状态受输出控制端的控制。

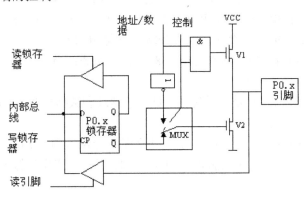

图 1-10　P0 口某位结构图

P0 口有两种功能：通用 I/O 口和地址/数据分时复用总线。

1）P0 作为通用的 I/O 口使用

作为通用的 I/O 口使用时，内部的控制信号为低电平，封锁与门，将输出驱动电路的上拉场效应管（V1）截止，同时使多路转接电路 MUX 接通锁存器 Q 端的输出通路。

注意：

（1）当 P0 口进行一般的 I/O 输出时，由于输出电路是漏极开路电路，因此必须外接上拉电阻，才能有高电平输出。

（2）当 P0 口进行一般的 I/O 输入时，必须先向电路中的锁存器写入 1，使场效应管（V2）截止，以避免锁存器为 0 状态时对引脚读入的干扰。这是因为，如果 V2 管是导通的，则不论 P0.x 引脚上的状态如何，输入都会是低电平，这将导致输入错误。

2）P0 口作地址/数据分时复用总线使用

当输出地址或数据时，由内部发出控制信号，打开上面的与门，并使用多路转接电路 MUX 将内部地址/数据线与驱动场效应管（V2）接通。

若地址/数据线为 1，则 V1 导通，V2 截止，P0 口输出为 1；反之，V1 截止，V2 导通，P0 口输出为 0。而当输入数据时，读引脚使三态数据输入缓冲器打开，数据信号则直接从引脚通过数据输入缓冲器进入内部总线。

总之，当用作通用 I/O 口时，每个引脚可驱动 8 个 TTL 负载；当用作输入时，每个端口首先置 1。在访问外部存储器时，它是分时传送的低字节地址和数据总线，此时，P0 口内含上拉电阻。

2．P1 口

P1 口某位结构如图 1-11 所示。P1 口是一个双向 8 位 I/O 口，每一位均可单独定义为输入口或输出口。

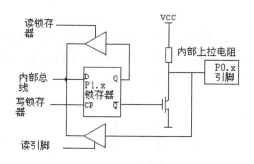

图 1-11 P1 口某位结构图

P1 口通常作为通用 I/O 口使用，在电路结构上与 P0 口有一些不同之处：首先它不再需要多路转接电路 MUX；其次是电路的内部有上拉电阻，与场效应管共同组成输出驱动电路。为此，P1 口作为输出口使用时，能向外提供推拉电流负载，无需再外接上拉电阻。

当作为输出口时，1 写入锁存器，Q（非）=0，场效应管截止，内部上拉电阻将电位拉至 1，此时该口输出为 1，当 0 写入锁存器，Q（非）=1，场效应管导通，输出则为 0。当作为输入口时，必须先向锁存器写 1，Q（非）=0，场效应管截止，此时该位既可以把外部电路拉成低电平，也可由内部上拉电阻拉成高电平。

3. P2口

P2口某位结构如图1-12所示。它由一个数据输出锁存器（D触发器）、两个三态数据输入缓冲器、一个转换开关MUX、一个数据输出驱动电路和控制电路组成。P2口比P1口电路多了一个多路转接电路MUX，这与P0口一样。P2口可以作为通用I/O口使用，这时多路转接电路开关倒向锁存器Q端。在实际应用中，P2口通常作为高8位地址线使用，此时多路转接电路开关应倒向相反方向。

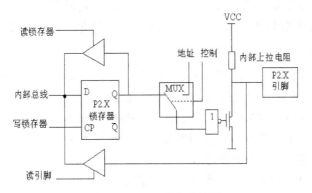

图1-12　P2口某位结构图

在无外部扩展存储器的系统中，4个I/O口都可以作为通用的I/O口使用。

在有外部扩展存储器的系统中，P2口送出高8位地址AB8～AB15，P0口分时送出低8位地址AB0～AB7和8位数据D0～D7。由于有16位地址，MCS-51单片机最大可外接64KB的程序存储器和数据存储器。

4. P3口

P3口某位结构如图1-13所示。P3口除了作为通用的I/O口使用外，每一根线还具有第二种功能。P3口的第一功能和P1口一样，可作为I/O口，同样具有字节操作和位操作两种方式，每一位均可定义为输入或输出。

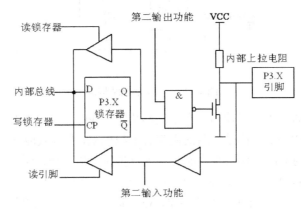

图1-13　P3口某位结构图

P3 口的特点在于，为适应引脚的第二功能需要，增加了第二功能控制逻辑。在真正的应用电路中，第二功能显得尤为重要。由于第二功能信号有输入和输出两种情况，因此应分两种情况加以说明。

对于第二功能为输出的信号引脚，当作为 I/O 使用时，第二功能信号引线应保持高电平，与非门开通，以维持从锁存器到输出端数据输出通路的畅通。当输出第二功能信号时，该位的锁存器应置 1，使与非门对第二功能信号的输出是畅通的，从而实现第二功能信号的输出。

对于第二功能为输入的信号引脚，在口线的输入通路上增加了一个缓冲器，输入的第二功能信号就从这个缓冲器的输出端取得。而作为 I/O 使用的数据输入，仍取自三态缓冲器的输出端。不管是作为输入口使用还是作为第二功能信号输入，输出电路中的锁存器输出和第二功能输出信号线都应保持高电平。

1.1.5 AT89S52 单片机最小系统

最小系统是指由单片机和一些基本的外围电路组成的一个可以工作的单片机系统。一般来说，包括单片机、晶振电路和复位电路。

1. 晶振电路

AT89S52 片内有一个由高增益反相放大器构成的振荡电路。XTAL1 和 XTAL2 分别为振荡电路的输入端和输出端。其振荡电路有两种组成方式：片内振荡器和片外振荡器。

片内振荡器如图 1-14（a）所示。在 XTAL1 和 XTAL2 引脚两端跨接石英晶体振荡器和两个微调电容构成振荡电路，通常 C1 和 C2 一般取 30pF，晶振的频率取值在 1.2～12MHz之间。

片外振荡器如图 1-14（b）所示。XTAL1 是外部时钟信号的输入端，XTAL2 可悬空。由于外部时钟信号经过片内一个 2 分频的触发器进入时钟电路，因此对外部时钟信号的占空比没有严格要求，但高、低电平的时间宽度应不小于 20ns。

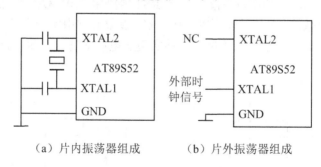

（a）片内振荡器组成　　（b）片外振荡器组成

图 1-14　振荡器电路

2. CPU 时序的概念

CPU 的时序是指 CPU 在执行指令过程中，控制器所发出的一系列特定的控制信号在时间上的相互关系。时序常用定时单位来说明，如振荡周期、时钟周期、机器周期、指令周期等。

（1）振荡周期

也称时钟周期，指晶体振荡器直接产生的振荡信号的周期，是振荡频率的倒数。

（2）时钟周期

时钟周期又称状态周期，用 S 表示。是振荡周期的 2 倍。每个时钟周期分为 P1 和 P2 两个节拍，P1 节拍完成算术逻辑操作，P2 节拍完成内部寄存器间数据的传递。1 个时钟周期=2 个振荡周期。

（3）机器周期

是机器的基本操作周期。1 个机器周期=6 个时钟周期=12 个振荡周期。

（4）指令周期

执行一条指令所占用的全部时间。一个指令周期通常由 1～4 个机器周期组成。AT89S52 系统中，有单周期指令、双周期指令和四周期指令。

例如，外接晶振频率为 fosc=12MHz，则 4 个基本周期的具体数值为：

① 振荡周期=1/12μs。

② 时钟周期=1/6μs。

③ 机器周期=1μs。

④ 指令周期=1～4μs。

3. 复位电路

AT89S52 单片机的复位电路如图 1-15 所示。在 RST 输入端出现高电平时实现复位和初始化。

在振荡运行的情况下，要实现复位操作，必须使 RST 引脚至少保持两个机器周期（24 个振荡器周期）的高电平。CPU 在第二个机器周期内执行内部复位操作，以后每一个机器周期重复一次，直至 RST 端电平变低。复位期间不产生 ALE 及 PSEN 信号。

图 1-15（a）为上电自动复位电路。加电瞬间，RST 端的电位与 Vcc 相同，随着 RC 电路充电电流的减小，RST 的电位下降，只要 RST 端保持 10 毫秒以上的高电平，就能使 AT89S52 单片机有效地复位，复位电路中的 RC 参数通常由实验调整。当振荡频率选用 6MHz 时，C 选 22μF，R 选 1K，便能可靠地实现加电自动复位。图 1-15（b）为手动复位电路。

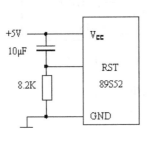
（a）上电自动复位电路

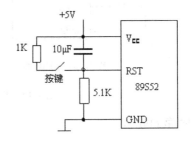
（b）手动复位电路

图 1-15 复位电路

4．单片机最小系统应用实例

单片机最小系统只是单片机能工作的最低要求，不能对外完成控制任务，实现人机对话。要进行人工对话，还需要一些输入、输出部件，作控制时还要有执行部件。常见的输入部件有开关、按钮、键盘、鼠标等，输出部件有指示灯、数码管、显示器等，执行部件有继电器、电磁阀等，下面只介绍几个简单的部件。

（1）继电器

继电器是用低电压控制高电压的器件，分为线圈、铁芯、衔铁和触点。触点有常开触点、常闭触点之分。在开关特性上有单刀单置、双刀单置、单刀双置、双刀双置、单刀多置、双刀多置之别。图1-16（a）为继电器的符号，图中只列了4种类型的继电器，方框为线圈，圆圈为触点，直线为刀。左上图为双刀双置，右上图为双刀单置，左下图为单刀单置，右下图为单刀双置。

工作过程是：线圈得电时，常开触点闭合，常闭触点断开；线圈失电时，常开触点断开，常闭触点闭合。电路连接时，单片机的一个输出口线接线圈的一端，线圈的另一端接符合线圈电压标准的电源，以单刀单置为例，将220V相线断开接触点两端（相当于在相线上接一个开关），220V线上再接电器设备。这样只要用软件控制单片机的该输出口线为低电平时，线圈得电，常开触点闭合，电器设备工作（设定低电平工作）；用软件控制单片机的该输出口线为高电平时，线圈失电，常开触点断开，电器设备停止工作（设定高电平停止）。

（2）光耦

光耦在电路中起隔离作用，由光作为信号传递媒介，将单片机和外部设备在电器中隔离。包括三极管型光耦（又分带基极型和不带基极型）和可控硅型光耦（又分单向可控和双向可控）两种，如图1-16（b）所示。

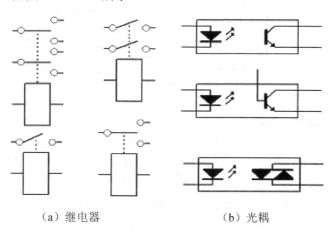

（a）继电器　　　　　　　　　（b）光耦

图1-16 继电器和光耦符号

光耦的工作过程是：有电流通过内部发光管时，发光管发光，所对应的内部三极管导通；无电流通过内部发光管时，发光管不发光，所对应的内部三极管断开。一般接法是内部发光管阳极接高电平（电源正极），与单片机同电源。阴极接单片机的某一输出口线，内部三极管对外的两端接外部设备，这就将单片机和外部设备在电气上分隔了开来。当用软件控制单片机的该输出口线为低电平时，内部发光管发光，所对应的内部三极管导通，外部设备就工作（设定低电平工作）；当用软件控制单片机的该输出口线为高电平时，内部发光管不发光，所对应的内部三极管不导通，外部设备就停止（设定高电平停止）。

（3）指示灯

指示灯采用一个发光二极管，加正向电压发光，反之不发光。一般接法是阳极接高电平，电源正极，阴极接单片机的某一输出口线，当该输出口线为低时，指示灯亮；该输出口线为高时，指示灯不亮。这样只要编程控制单片机的该输出口，即可控制指示灯亮或灭。

5. 单片机系统中的半导体存储器

存储器是单片机系统的一个重要组成部分，其功能主要是存放程序或数据。存储器有很多种分类方法，如按照制造工艺不同，可分为双极型晶体管电路和 MOS 电路两种，双极型存储器的存取速度快，但集成度低、功耗大；MOS 型存储器正好相反，集成度高，功耗低，但速度较慢。按功能不同，存储器又可分为随机存取存储器（Random Access Memory，RAM）、只读存储器（Read Only Memory，ROM）以及非易失性随机存储器（NVRAM）ROM 三大类，存储器的分类如图 1-17 所示。

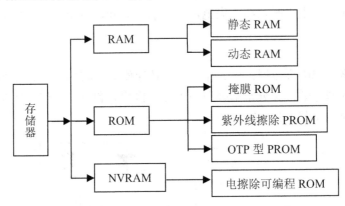

图 1-17　存储器的分类

1）随机存取存储器（RAM）

随机存取存储器（RAM）在单片机系统中主要用于存放数据，用户程序可随时对 RAM 进行读或写操作，断电后，RAM 中的信息将丢失。RAM 可分为静态 RAM（Static RAM，SRAM）和动态 RAM（Dynamic RAM，DRAM）两种。SRAM 中的内容在加电期间存储的信息不会丢失；而 DRAM 在加电使用期间，当超过一定时间（大约 2ms）时，其存储的信息会自动丢失。因此，为了保持存储信息不会丢失，必须设置刷新电路，每隔一定时间对 DRAM 进行一次刷新。与 SRAM 相比，DRAM 具有集成度高、功耗低、价格低等优点，但因为其需要刷新电路，与 CPU 进行连接时比 SRAM 复杂。静态 RAM 虽然集成度低、功耗高，但由于和 CPU 的接口电路简单，在单片机系统中被广泛采用。SRAM 在单片机系统中主要用作数据存储器，常见的芯片有 6116、6264、628128 等。

2）只读存储器（ROM）

只读存储器（ROM）在单片机系统中主要用作外部程序存储器，其中的内容只能被读出，不能被修改。断电情况下，ROM 中的信息不会丢失。按照制造工艺的不同，ROM 可分为如下几种：

（1）掩膜 ROM。掩膜 ROM 是在工厂生产时，通过"掩膜"技术将需存储的程序等信息固化在芯片内，这种 ROM 制成后便无法改变其中内容。掩膜 ROM 的成本较低，适用于做成固定的、成批生产的程序存储芯片。

（2）紫外线擦除的可编程 ROM，又称 EPROM（Erasable PROM）。这种芯片上开有一个小窗口，紫外线通过小窗口照射内部电路，便可以擦除内部的信息。芯片内的信息被擦除后，可重新进行编程。常见的芯片有 27C32、27C64、27C128、27C512 等，EPROM 在单片机系统中常用作外部扩展的程序存储器。

（3）OTP 型 PROM。OTP（One Time Programmable）型 PROM（Programmable ROM）在出厂时不写入信息，用户可根据自己的需要将信息写入其中，但只能写入一次，即一次写入后不能再写入。这种存储器常被集成到单片机内部，目前有许多 OTP 型的单片机，但 OTP 型的存储器很少见。

3）非易失性随机存储器（NVRAM）

非易失性（Nonvolatile）随机存储器（NVRAM）是指可电擦除的存储器。它们具有 RAM 的可读、写特性，又具有 ROM 停电后信息不丢失的优点，因此在单片机系统中既可用作程序存储器，也可作数据存储器用。这类芯片主要有 EEPROM（也称 E^2PROM，Electrically Erasable PROM）和 Flash。按接口方式不同，NVRAM 又可分成两种，即并行接口和串行接口。并行接口的芯片因需要封装很多条数据线和地址线，容量一般较小。串行接口的芯片一般只用两条或 3 条线和 CPU 交换数据，因此，容量一般很大。并行接口的芯片在单片机系统中既可用作程序存储器，也可用作数据存储器，而串行接口的芯片只能用作数据存储器。

4）存储器的主要参数

存储器的主要性能参数有 3 个，即存储容量、存取周期和功耗。

（1）存储容量。存储器由许多存储单元组成，每个存储单元又由若干存储元组成，每个存储元存放 1 位二进制代码。存储容量是表示存储器存放信息量的指标。存储容量越大，所能存储的信息就越多。一个存储器芯片的容量常用有多少个存储单元以及每个存储单元可存放多少位二进制数来表示。例如，某存储器芯片有 1024 个单元，每个存储单元可存放 4 位二进制数，则常以 1024×4 来表示该存储器芯片的容量。容量的单位用 K 表示，1K 即表示 1024（210）个存储单元。这样，上述存储器芯片的容量便可记作 1K×4。在单片机系统中，存取数据时常以字节（Byte）为单位，一个字节规定由 8 个二进制位组成，因此，单片机中的数据存储器一般情况下每个单元都是由 8 个存储元组成，表示存储器容量时更常见的是 KB。

（2）存取周期。存储器从接收到寻找存储单元的地址码开始，到取出或存入数据所需要的时间称为一个存取周期，这是表示存储器工作速度的重要指标。MOS 型存储器的存取周期约为 100～300ns。

（3）功耗。每个存储器芯片的功率称为功耗，单位为 mW/芯片。功耗又分为工作功耗和维持功耗。维持功耗是存储器未选通时，处于低功耗、高输出阻抗、后备状态下时的功耗，芯片被选通后，能自动进入读/写工作状态。对 DRAM 而言，维持功耗要比工作功耗小 1～2 个数量级。有时，功耗的单位为 μW/b（每存储位的功耗）。

5）存储器容量的计算

对于并行接口的存储器芯片，由地址线的条数可以确定芯片包含的存储单元数，由数据线的条数可以确定每个单元包含的存储单元的数量。如 SRAM 芯片 6264，它有 13 条地址线，则其包含的存储单元数为 $2^{13}=2^3 \times 2^{10}=8$K，8 条数据线表明其每个单元包含了 8 个存储单元，则 6264 的容量为 8K×8=8KB。对于串行接口芯片，根据芯片的型号基本上可以看出其容量，不同的厂商都有各自的编号。

1.1.6　MCS-51 系列单片机的分类

MCS-51 系列单片机是 Intel 公司开发的一款非常成功的产品，具有性能价格比高、稳定、可靠、高效等特点。自从开放技术以来，不断有其他公司生产各种与 MCS-51 兼容或者具有 MCS-51 内核的单片机。MCS-51 已成为当今 8 位单片机中具有事实"标准"意义的单片机，应用非常广泛。本书以 8051 为核心讲述 MCS-51 系列单片机。MCS-51 系列单片机采用模块化设计，各种型号的单片机都是在 8051（基本型）的基础上通过增、减部件的方式获得的。

1. 按照单片机芯片系列分类

（1）8031/8051/8751

这 3 种芯片常称为 8051 子系列，三者的区别仅在于片内程序存储器不同。8031 片内无程序存储器，8051 片内有 4KB 的 ROM，8751 片内有 4KB 的 EPROM，其他结构性能相同。其中，8031 易于开发，价格低廉，应用广泛。

（2）8032/8052/8752

这是 8031/8051/8751 的改进型，常称为 8052 子系列。其片内 ROM 和 RAM 比 8051 各增加 1 倍，ROM 为 8KB，RAM 为 256B；另外增加了一个定时器/计数器和一个中断源。

（3）80C31/80C51/87C51

这 3 个型号是 8051 子系列的 CHMOS 型芯片，可称为 80C51 子系列，两者功能兼容。CHMOS 型芯片的基本特点是高集成度和低功耗。

（4）其他系列产品

其他系列产品包括 80C52、80C54、80C58 等。

2. 按照功能分类

1）基本型

基本型主要有 8031、8051、8751、8031AH、8051AH、8751AH、8751BH、80C31BH、80C51BH、87C51BH 等。其中，后缀为 AH 或 BH 的单片机采用 HMOS 工艺制造，中间有

一个"C"字母的单片机采用 CMOS 工艺制造，具有低功耗的特点，支持节能模式。

2）增强型

（1）增大内部存储器型。该型产品将内部的程序存储器 ROM 和数据存储器 RAM 增加 1 倍，如 8032AH、8052AH、8752BH 等，内部拥有 8KB ROM 和 256B RAM，属于 52 子系列。

（2）可编程计数阵列（PCA）型。型号中含有字母"F"的系列产品，如 80C51FA、83C51FA、87C51FA、83C51FB、87C51FB、83C51FC、87C51FC 等，均是采用 CHMOS 工艺制造，具有比较扑捉模块及增强的多机通信接口。

（3）A/D 型。该型产品包括 80C51GB、83C51GB、87C51GB 等，具有下列功能：8 路 8 位 A/D 转换模块，256B 内部 RAM，2 个 PCA 监视定时器，增加了 A/D 和串行口中断，中断源达 7 个，具有振荡器失效检测功能。

1.2 任务二 MCS-51 单片机的内存空间

微型计算机通常只有一个逻辑空间，程序存储器 ROM 和数据存储器 RAM 要统一编址，即一个存储器地址对应一个存储单元。单片机则将程序存储器和数据存储器分开，两者有各自的寻址系统、控制信号和功能。

MCS-51 单片机内部集成了一定容量的程序存储器和数据存储器，同时还具有强大的外部存储器扩展能力，MCS-51 单片机存储器的配置图如图 1-18 所示。

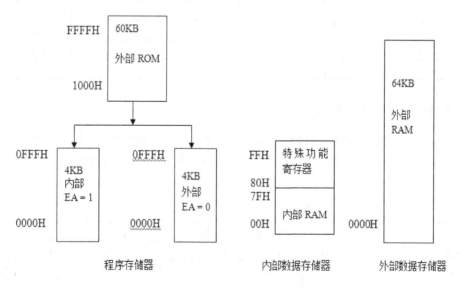

图 1-18 MCS-51 单片机存储器的配置图

MCS-51 单片机存储器在物理结构上可分为 4 个存储空间：片内程序存储器、片外程序存储器、片内数据存储器和片外数据存储器。但在逻辑上，即从用户的角度上，MCS-51 单片机有 3 个存储空间：片内外统一编址的 64K 的程序存储器地址空间、256B 的片内数据存储器的地址空间以及 64K 片外数据存储器的地址空间。

1.2.1 数据存储器

数据存储器也称为随机存取数据存储器。数据存储器分为内部数据存储和外部数据存储。MCS-51 内部 RAM 有 128 或 256 个字节的用户数据存储（不同的型号有区别），片外最多可扩展 64KB 的 RAM，构成两个地址空间，用于存放执行的中间结果和过程数据。MCS-51 的数据存储器均可读写，部分单元还可以位寻址。

MCS-51 单片机的内部数据存储器在物理上和逻辑上可分为两个地址空间，即数据存储器空间（低 128 单元）和特殊功能寄存器空间（高 128 单元），这两个空间是相连的。从用户角度而言，低 128 单元才是真正的数据存储器。

1. 通用寄存器区（00H～1FH）

00H～1FH 的 32 个单元被均匀地分为 4 块，每块包含 8 个 8 位寄存器，均以 R0～R7 命名，常称这些寄存器为通用寄存器。这 4 块中的寄存器都称为 R0～R7，那么在程序中怎么区分和使用它们呢？ CPU 只要定义这个寄存器的 PSW 的 D3 和 D4 位（RS0 和 RS1），即可选中这 4 组通用寄存器。对应的编码关系如表 1-2 所示。若程序中并不需要用 4 组，那么其余的可用作一般的数据缓冲器，CPU 在复位后，选中第 0 组工作寄存器，如表 1-2 所示。

表 1-2　通用寄存器选择

工作寄存器	RS1　　RS0	地　　址
0 区	0　　　0	00H～07H
1 区	0　　　1	08H～0FH
2 区	1　　　0	10H～17H
3 区	1　　　1	18H～1FH

2. 位寻址区（20H～2FH）

片内 RAM 的 20H～2FH 单元为位寻址区，既可作为一般单元，用字节寻址，也可对它们的位进行寻址。位寻址区共有 16 个字节，128 个位，位地址为 00H～7FH。位地址分配如表 1-3 所示。

表 1-3　RAM 位寻址区地址表

单 元 地 址			MSB	位地址		LSB		
2FH	7FH	7EH	7DH	7CH	7BH	7AH	79H	78H
2EH	77H	76H	75H	74H	73H	72H	71H	70H
2DH	6FH	6EH	6DH	6CH	6BH	6AH	69H	68H
2CH	67H	66H	65H	64H	63H	62H	61H	60H
2BH	5FH	5EH	5DH	5CH	5BH	5AH	59H	58H
2AH	57H	56H	55H	54H	53H	52H	51H	50H
29H	4FH	4EH	4DH	4CH	4BH	4AH	49H	48H

单 元 地 址				MSB	位地址		LSB
28H	47H	46H	45H	44H	43H	42H	41H	40H
27H	3FH	3EH	3DH	3CH	3BH	3AH	39H	38H
26H	37H	36H	35H	34H	33H	32H	31H	30H
25H	2FH	2EH	2DH	2CH	2BH	2AH	29H	28H
24H	27H	26H	25H	24H	23H	22H	21H	20H
23H	1FH	1EH	1DH	1CH	1BH	1AH	19H	18H
22H	17H	16H	15H	14H	13H	12H	11H	10H
21H	0FH	0EH	0DH	0CH	0BH	0AH	09H	08H
20H	07H	06H	05H	04H	03H	02H	01H	00H

CPU 能直接寻址这些位，执行例如置 1、清零、求反、转移、传送和逻辑等操作。MCS-51 具有布尔处理功能，布尔处理的存储空间指的就是这些位寻址区。

3. 用户 RAM 区（30H～7FH）

在片内 RAM 低 128 单元中，通用寄存器占 32 个单元，位寻址区占 16 个单元，剩下的 80 个单元是供用户使用的一般 RAM 区，地址单元为 30H～7FH。对这部分区域的使用不作任何规定和限制，一般应用中常把堆栈开辟在这个区域。

1.2.2 特殊功能寄存器（SFR）

21 个特殊功能寄存器不连续地分布在 128 个字节的 SFR 存储空间中，地址空间为 80H～FFH，在这片 SFR 空间中，包含有 128 个位地址空间，地址也是 80H～FFH，但只有 83 个有效位地址，可对 11 个特殊功能寄存器的某些位作位寻址操作。

在 51 单片机内部有一个 CPU，用来进行运算、控制；有 4 个并行 I/O 口，分别是 P0、P1、P2、P3；有 ROM，用来存放程序；有 RAM，用来存放中间结果；此外，还有定时器/计数器、串行 I/O 口、中断系统以及一个内部的时钟电路。这样的特殊功能寄存器在 51 单片机中共有 21 个，并且都是可寻址的，如表 1-4 所示。

表 1-4 特殊功能寄存器

符 号	地 址	功 能 介 绍
B	F0H	B 寄存器
ACC	E0H	累加器
PSW	D0H	程序状态字
IP	B8H	中断优先级控制寄存器
P3	B0H	P3 口锁存器
IE	A8H	中断允许控制寄存器
P2	A0H	P2 口锁存器
SBUF	99H	串行口锁存器

续表

符　号	地　址	功　能　介　绍
SCON	98H	串行口控制寄存器
P1	90H	P1口锁存器
TH1	8DH	定时器/计数器1（高8位）
TH0	8CH	定时器/计数器1（低8位）
TL1	8BH	定时器/计数器0（高8位）
TL0	8AH	定时器/计数器0（低8位）
TMOD	89H	定时器/计数器方式控制寄存器
TCON	88H	定时器/计数器控制寄存器
DPH	83H	数据地址指针（高8位）
DPL	82H	数据地址指针（低8位）
SP	81H	堆栈指针
P0	80H	P0口锁存器
PCON	87H	电源控制寄存器

1．ACC 累加器

ACC累加器是一个最常用的特殊功能寄存器，可实现各种寻址及运算，而不是一个仅仅做加法的寄存器。所有的运算类指令都离不开ACC累加器。其自身带有全零标志Z，若A=0，则Z=1；若A≠0，则Z=0。该标志常用作程序分支转移的判断条件。

2．B 寄存器

B寄存器是一个8位特殊功能寄存器，在做乘、除法时存放乘数或除数。

3．PSW 程序状态字

PSW是一个8位特殊功能寄存器，存放CPU工作时的很多状态。借此可以了解CPU的当前状态，并作出相应的处理。其各位功能如表1-5所示。

表 1-5　PWS 程序状态字

位　地　址	D7	D6	D5	D4	D3	D2	D1	D0
符　号	CY	AC	F0	RS1	RS0	OV		P

（1）CY：高位进位标志位。由于PSW是一种8位的运算器。而8位运算器只能表示到0～255，如果做加法，两数相加可能会超过255，这样最高位就会丢失，造成运算的错误。CY的作用是：有进、借位时，CY=1；无进、借位时，CY=0。

（2）AC：辅助进位标志位。进行加法或减法运算时，当低4位向高4位进位或借位时，AC被置位，否则被清零。

（3）F0：用户标志位，即由用户（编程人员）定义的一个状态标志。

（4）RS1、RS0：工作寄存器组选择位。可以用软件来置位或清零，以确定工作寄存器组。

（5）0V：溢出标志位。运算结果按补码运算理解。有溢出时，OV=1；无溢出时，OV=0。

（6）P：奇偶校验位。用来表示 ALU 运算结果中二进制数位 1 的个数的奇偶性。若为奇数，则 P=1，否则为 0。运算结果有奇数个 1 时，P=1；运算结果有偶数个 1 时，P=0。例如，某运算结果是 78H（01111000），显然 1 的个数为偶数，所以 P=0。

4．DPTR 数据指针（DPH 和 DPL）

DPTR 是一个 16 位特殊功能寄存器，分成 DPL（低 8 位）和 DPH（高 8 位）两个寄存器。用来存放 16 位地址值，以便用间接寻址或变址寻址的方式对片外数据 RAM 或程序存储器作 64K 字节范围内的数据操作。既可作为一个 16 位寄存器，也可用作两个 8 位的寄存器。

5．P0、P1、P2 和 P3 口

这是 4 个并行 I/O 口的寄存器，其中的内容对应着引脚的输出。如果需要从指定的端口输出一个数据，只需先将数据 0FFH（全部 1）写入指定的 I/O 口，然后再读指定的 I/O 口即可。

1.2.3 "头文件包含"处理

"头文件包含"是指一个文件将另外一个文件的内容全部包含进来。

头文件一般在 C:\KELL\C51\INC 文件夹下，INC 文件夹中有很多头文件，还有很多以公司分类的文件夹，里面也都是相关产品的头文件。如果要使用自己写的头文件，使用时只需把对应头文件复制到 INC 文件夹里即可。

在单片机中用 C 语言编程时，往往第一行就是头文件或者其他的自定义头文件。以 AT89X52.H 头文件为例，根据前面介绍的特殊寄存器知识，下面对 AT89X52.H 头文件进行初步解析。

1．特殊功能寄存器在 AT89X52.H 中的定义

打开 AT89X52.H 头文件，可以看到有关特殊功能寄存器的一些内容。

```
/*------------- BYTE    Registers -------------------*/
sfr   P0    =  0x80;
sfr   SP    =  0x81;
sfr   DPL   =  0x82;
sfr   DPH   =  0x83;
sfr   PCON  =  0x87;
sfr   TCON  =  0x88;
sfr   TMOD  =  0x89;
sfr   TL0   =  0x8A;
sfr   TL1   =  0x8B;
sfr   P1    =  0x90;
```

```
sfr    P2     =    0xA0;
sfr    P3     =    0xB0;
sfr    PSW    =    0xD0;
sfr    ACC    =    0xE0;
sfr    B      =    0xF0;
```

这里都是一些有关特殊功能寄存器符号的定义，即规定符号名与地址的对应关系。

2. 符号 P1_0 表示 P1.0 引脚

打开 AT89X52.H 头文件，可以看到有关 P1 口位符号定义的一些内容：

```
/*-------------- P1 Bit   Registers---------------------*/
  sbit   P1_0    =    0x90;
  sbit   P1_1    =    0x91;
  sbit   P1_2    =    0x92;
  sbit   P1_3    =    0x93;
  sbit   P1_4    =    0x94;
  sbit   P1_5    =    0x95;
  sbit   P1_6    =    0x96;
  sbit   P1_7    =    0x97;
```

这里都是一些有关 P1 口每位符号的定义，即规定符号名与地址的对应关系。例如：

```
sbit    P1_0    =    0x90;
```

这条语句定义了 P1_0 与位地址 0x90 对应，其目的是为了使用 P1_0 这个符号，即通知 C 编程器，程序中所用的 P1_0 是指单片机 P1 口的第 0 位，而不是其他位变量。

1.2.4　程序存储器

程序存储器用于存放用户程序、数据和表格等，以程序计数器 PC 作为地址指针，MCS-51 的程序计数器 PC 是 16 位，所以 MCS-51 具有 64KB 程序存储器寻址空间。

1. 程序存储器的配置

对于内部无 ROM 的 8031 单片机，其程序存储器必须外接，空间地址为 64KB，此时单片机的 $\overline{\text{EA}}$ 端必须接地，强制 CPU 从外部程序存储器读取程序。

对于内部有 ROM 的 8051 等单片机，正常运行时，则需接高电平，使 CPU 先从内部的程序存储中读取程序，当 PC 值超过内部 ROM 的容量时，才会转向外部的程序存储器读取程序。51 系列程序存储器内部有 4KB 的程序存储单元，其地址为 0000H～0FFFH，如图 1-19（a）所示；52 系列程序存储器内部有 8KB 的程序存储单元，其地址为 0000H～1FFFH，如图 1-19（b）所示。

当 $\overline{\text{EA}}$ =1 时，程序从片内 ROM 开始执行，当 PC 值超过片内 ROM 容量时，会自动转向外部 ROM 空间。

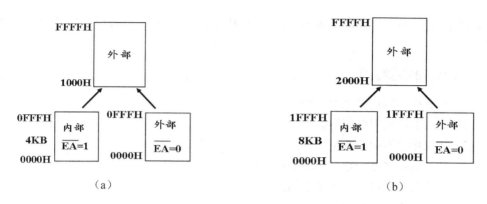

图 1-19 MCS-51 ROM 配置图

当 $\overline{EA}$ =0 时，程序从外部存储器开始执行，例如前面提到的片内无 ROM 的 8031 单片机，在实际应用中就要把 8031 的引脚接为低电平。

2．具有特殊功能的地址

在程序寄存器中具有一些特殊功能的地址，这在使用中应该加以注意。

（1）启动地址。单片机启动复位后，程序计数器的内容为 0000H，所以系统必须从 0000H 单元开始执行程序。0000H 是启动地址，也称为系统程序的复位入口地址。一般在 0000H～0002H 这 3 个单元中存放一条无条件转移指令，从转移地址开始存放初始化程序及主程序，让 CPU 直接执行用户指定的程序。

（2）中断服务程序入口地址。其他特殊功能地址分别为各种中断源的中断服务程序入口地址，如表 1-6 所示。

表 1-6 各种中断源的中断服务程序入口地址

中 断 源	入 口 地 址	中 断 源	入 口 地 址
外部中断 0	0003H	定时/计时器 1	001BH
定时/计时器 0	000BH	串行中断	0023H
外部中断 1	0013H		

以上是专门用于存放中断服务程序的地址单元，中断响应后，根据中断的类型自动转到各自的入口地址去执行程序。

关键知识点小结

1．单片机的发展历史

第一阶段（1974—1976 年）：单片机初级阶段。
第二阶段（1976—1978 年）：低性能单片机阶段。
第三阶段（1978—1983 年）：高性能单片机阶段。

第四阶段（1983 年至今）：8 位单片机巩固、发展及 16 位单片机、32 位单片机推出阶段。

2．单片机的主要应用

（1）在智能仪器仪表上的应用。
（2）在工业控制中的应用。
（3）在家用电器中的应用。
（4）在计算机网络和通信领域中的应用。
（5）单片机在医用设备领域中的应用。
（6）在各种大型电器中的模块化应用。

此外，单片机在工商、金融、科研、教育、国防、航空航天等领域都有着十分广泛的用途。

3．AT89S51 单片机最小系统

能使单片机工作的最少器件构成的系统称为单片机的最小系统。对于 AT89S51 单片机，由于其内部有 4KB 可在线编程的 Flash 存储器，用它组成最小系统时，不需机外扩程序存储器，只要有复位电路和时钟电路即可。

4．MCS-51 系列单片机的分类

（1）按照单片机芯片系列分类：
① 8031/8051/8751
② 8032/8052/8752
③ 80C31/80C51/87C51
④ 其他系列产品
（2）按照功能分类：
① 基本型
② 增强型
③ A/D 型

课 后 习 题

1．简述单片机的历史及发展趋势。
2．简述单片机的主要应用领域。
3．简述单片机的主要特点。
4．AT89C51 单片机外扩的最大存储空间为多少？
5．单片机使用片外和片内 ROM 时，$\overline{\text{EA}}$ 引脚该如何连接？
6．什么是单片机最小系统？最小系统由哪几部分组成？

项目二　单片机系统常用的开发工具

利用 Proteus 系统仿真软件调试系统和程序。Proteus 是英国 Labcenter Electronics 公司开发的一款优秀的电子设计自动化（Electronic Design Automation，EDA）软件。利用它可以绘制电路原理图、PCB 图和进行交互式电路仿真。针对微处理器应用，还可以直接在基于原理图的虚拟原型上编程（或直接导入外部源码文件），并实现软件源码级的实时调试。另外，配合系统配置的虚拟仪器，如示波器、逻辑分析仪等，用户可以获得一个完备的电子设计开发环境。

在本项目中，通过完成 3 个任务详细介绍单片机系统常用的开发工具。

📖　任务一　单片机常用的硬件开发工具

📖　任务二　单片机常用的软件开发工具

📖　任务三　单片机系统设计流程

2.1　任务一　单片机常用的硬件开发工具

2.1.1　面包板、万用板和印制电路板

面包板是一种常用的电子实验工具，和面包没有任何关系，而是元器件实现电气连接的载体，专为电子电路的无焊接实验设计而制造。由于各种电子元器件可根据需要随意插入或拔出，免去了焊接，节省了电路的组装时间，而且元件可以重复使用，所以非常适合电子电路的组装、调试和训练。

面包板的表面有规则排列的供插装元器件的插孔，如图 2-1 和图 2-2 所示，在面包板中间有一条中心分隔槽将其分成上、下两个部分。电路中如果有集成电路，就把它跨接在中心分隔槽上。集成电路的上排管脚插到上半部分插孔中，下排管脚插到下半部分插孔中，如图 2-3 所示为集成电路 MCP23S08。

图 2-1　面包板上搭出的实验电路

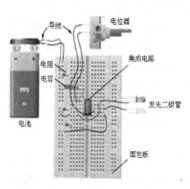

图 2-2　面包板

　　面包板上的插孔不是独立的，而是具有一定的电气连接：中心分隔槽把面包板分成上、下两部分，上半部分每列 5 个插孔之间是导通的，下半部分每列 5 个插孔之间也是导通的。而上、下部分插孔之间不导通。

　　另外，在面包板上、下边缘一般还各有两排用于接电源的电源正极排孔和电源负极排孔，每一排的插孔都是互相导通的。有的面包板电源排孔还会分成左右两部分，每个部分之间的排孔导通而与另一部分绝缘。

　　在面包板上观察电路的现象是否与设计一致，以验证电路图设计的正确性，这在电子电路设计中经常用到。

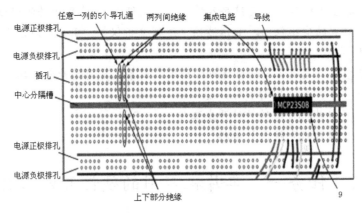

图 2-3　面包板结构示意图

　　插面包板的导线可以使用如图 2-4 所示的面包板专用跳线，这种跳线有不同长度和颜色。跳线两头是类似元器件管脚的金属针，具有一定的硬度，所以很容易插到面包板的插孔中。跳线的使用很方便，在需要进行电气连接的地方用跳线跨接即可。如果没有这种跳线，也可以使用单股的硬芯导线实现连接，但要用剥线钳去掉导线两端的绝缘皮，把露出的导线芯插到插孔中。无论是使用面包板跳线或导线，都要养成使用不同颜色跳线来连接不同电路节点的良好习惯。例如，红色一般用来连接电源正极节点；黑色则用来连接电源负极（或地）节点等。按照不同颜色连接不同节点，可以在电路调试或排除故障时快速定位。熟练使用面包板进行电路实验，可以使电路的验证及调试更具效率。由于器件和跳（导）线都

图 2-4　面包板专用跳线

是临时插在面包板插孔中，可以很方便地更换器件或改动电气连接，所以在电路的验证和调试阶段常会用到面包板。

2.1.2　万用板和印制电路板

　　万用电路板是一种按照标准 IC 间距（2.54mm）布满焊盘、可按自己的意愿插装元器件及连线的印制电路板，俗称"洞洞板"。相比专业的 PCB 板，洞洞板具有以下优势：使用成本低廉，方便，扩展灵活。例如在大学生电子设计竞赛中，作品通常需要在几天时间

内完成，所以大多使用洞洞板。使用时，元器件插在万用板的一面，元器件管脚穿过万用板上的过孔，如图 2-5 所示，在万用板另一面使用电烙铁焊接管脚与万用板上的焊盘，然后焊接导线并通过导线实现元器件之间的电气连接。元器件一般都安装在万用板的同一面，导线可以焊接在万用板的任意一面。万用板上的元器件与导线都是通过焊接固定的，比面包板上插元器件和导线牢固一些，但是如果要更换元器件或修改导线连接，就不像面包板那么方便了，可视电路的制作需要选择使用万用板或面包板进行实验。

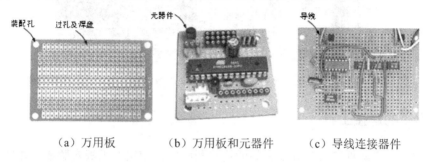

（a）万用板   （b）万用板和元器件   （c）导线连接器件

图 2-5　万用板

　　一般来说，如果只是暂时连接电路验证电路设计的正确性或需要对电路参数进行修改，使用面包板会方便一些；如果电路没有什么缺陷，可以利用万用板焊接电路以便在样机测试中使用。面包板和万用板一般只在电路设计、调试时使用，在成熟的电子产品中，电路的载体都是印制电路板（PCB），它是针对电路唯一设计出来的实现元器件焊装及电气连接的电路板。印制电路板是功能电路的最终表现形式，是电路设计的终极目标。

　　印制电路板图的设计一般采用软件 Altium Designer（Protel）、AutoCAD、PowerPCB 等。把印制电路板图交给电路板生产厂家即可把印制电路板加工出来。如图 2-6 所示为某电子产品的印制电路板，这个印制电路板只是裸板，还没有任何元器件焊装在上面，只是在反面已经通过铜箔预先铺设好了该有的电气连接。正面印有与电路原理图对应的每一个元器件符号和序号，这样，在进行焊装时就可以方便地把对应的电子元器件插进过孔并焊接在焊盘上，如图 2-7 所示，大部分元器件已经焊装到印制电路板上，该电路板已经具备工作的基本条件了。

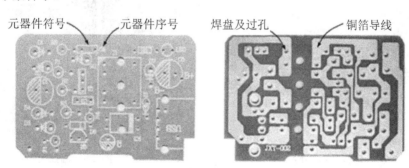

正面（丝印层）　　　　　　　反面（铜箔层）

图 2-6　印制电路板

图 2-7　8 路抢答器的电路板

2.1.3　常用的焊接工具

焊接实现了元器件管脚与焊盘之间的连接与固定，使用万用板实验或制作印制电路板时都离不开焊接，焊接看似简单，但却是电路板制作非常关键的一步，因为焊接质量的好坏直接影响了电路的稳定性。焊接时常用工具如图 2-8 所示。各工具在焊接中所起的作用介绍如下。

1. 电烙铁

焊接主要利用电烙铁发热，把焊锡丝熔化在管脚与焊盘之间，电烙铁是焊接中必不可少的工具，一般使用 220VAC 供电，通电几秒至几分钟后电烙铁头的温度就可达到焊锡丝的熔化温度（300～400℃）。电烙铁有不同的功率，功率范围一般为 15～40W。在使用时一定注意接好电烙铁的地线，否则很有可能因漏电而击穿元器件或使人触电。电烙铁通电后，烙铁头的温度很高，注意不要被烫伤。如果条件许可，可以选用如图 2-9 所示的温控电烙铁台，包括一个电烙铁、电烙铁架和温控器。该设备可以精确控制电烙铁温度提高焊接质量，同时保护一些对温度敏感的元器件在焊接中不会被烫坏。

图 2-8　焊接常用工具

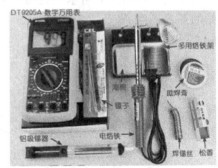

图 2-9　温控电烙铁台

2. 焊锡丝

焊锡丝是一种导体，是焊接的主要耗材。电烙铁对焊锡丝加热至熔化，当焊锡丝凝固后就会把元器件管脚与焊盘之间焊接起来，在固定的同时实现电气连接。焊锡丝中间已经混合有松香（助焊），所以使用起来非常方便。

（1）偏口钳：用于截断元器件管脚或剪导线，也可用来代替剥线钳去掉导线外的绝缘皮。

（2）尖嘴钳：主要用于折弯元器件的管脚。

（3）吸锡器：如果焊接有误或其他原因需要把已经焊好的元器件从电路板上拔下来，可一边用电烙铁加热焊点使焊锡熔化，同时用吸锡器把熔化的锡吸走。多次重复吸锡过程一般可以使元器件的管脚与焊盘脱离。

（4）镊子：在焊接时可以夹住元器件，也可以用于取拿体积较小的元器件。

准备好上述工具后，就可以开始焊接器件了。首先将购买的元器件进行质量检测，以确保电路制作的成功率，然后按照先小后大的原则，把元器件逐一焊装到万用板或印制电路板上。

焊接元器件分为两步：第一，插入元器件过孔；第二，焊接元器件管脚与焊盘。除表面贴型外，元器件都有针状的金属管脚，如图 2-10 所示。所有元器件的管脚在焊接前最好用小刀或什锦锉将其表面的氧化层刮净，防止在焊接时发生虚焊。之后把元器件的管脚折弯使之能插入印制电路板上对应的过孔中，在管脚穿出一侧有焊盘。一般需要使元器件与印制电路板尽量紧贴。有时受空间等限制，元器件不能像图 2-10 那样"躺着"焊装，而改用图 2-11 所示的"站立式"焊装方法。元器件的一个管脚折弯至与另一管脚平行，两个管脚都垂直于印制电路板，插入过孔后焊接。一般在元器件与印制电路板之间留出 0.5～3mm 的间隙。焊接时，从体积较小的电阻、瓷介电容等元器件开始。把元器件插入印刷电路板的过孔，并从另一侧伸出。左手拇指和食指捏着焊锡丝，右手拿电烙铁（惯用左手者相反），先在电烙铁头上轻轻蹭一点焊锡以便更好地导热。接着把电烙铁头贴到管脚和焊盘之间，等焊盘上的温度升高之后，一般会看到铜黄色的焊盘表面产生微小的泡泡，这时再把焊锡丝推到焊盘上。由于焊盘温度已经可以把焊锡丝熔化，所以焊锡丝很快熔化在管脚和焊盘之间，当焊点形成一个较为圆滑、饱满的锡点后立即把焊锡丝拿走，然后拿走电烙铁头。焊锡冷却后即形成一个焊点。

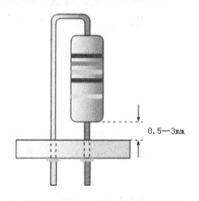

图 2-10　元器件的管脚和插入

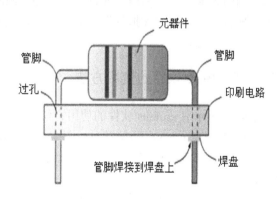

图 2-11　站立式焊装方法

最后用偏口钳把过长的管脚剪去。注意，先把大量焊锡丝熔化在电烙铁头上，再蹭到焊盘上是不正确的。标准的焊点应该圆润而光滑。如果焊点呈豆腐渣样或在焊点表面出现蜂窝状小坑都是虚焊的表现，这说明焊点之下的元器件管脚和焊盘有可能根本没有焊接上，这在焊接过程中是要绝对避免的。其他的问题，如焊锡过少或过多、出现毛刺等问题可通过多练习以积累控制焊接量和焊接手法的经验来解决。除了元器件与印制电路板之间的焊接外，常常还需要焊接两根导线或把导线焊接到接插件上。有一点需要注意，就是现在焊接双方的管脚或线头上上锡。也就是说先用电烙铁加热一方需要焊接的部位，接着用焊锡丝往上蹭一些锡。对焊接另一方也这样上锡，这样一来，双方焊接部位在对接之前已经挂上了焊锡，接着把焊接部位贴在一起，用电烙铁加热，两者焊锡熔化即焊接在一起，冷却后就实现了电气连接，如图 2-12 所示。

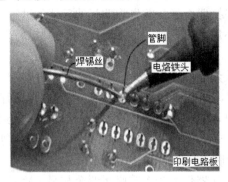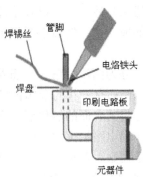

图 2-12　焊接

2.2　任务二　单片机常用的软件开发工具

利用 Proteus 系统仿真软件调试系统和程序。Proteus 是英国 Labcenter Electronics 公司开发的一款优秀的电子设计自动化（Electronic Design Automation，EDA）软件。利用它可以绘制电路原理图、PCB 图和进行交互式电路仿真。针对微处理器应用，还可以直接在基于原理图的虚拟原型上编程（或直接导入外部源码文件），并实现软件源码级的实时调试。另外，配合系统配置的虚拟仪器，如示波器、逻辑分析仪等，用户可以获得一个完备的电子设计开发环境。

2.2.1　Proteus 软件的使用方法

下面详细介绍 Proteus 软件的使用方法。

（1）打开 Proteus，开发界面如图 2-13 所示，除了常见的菜单栏和工具栏外，还包括预览窗口、对象选择器窗口、图形编辑窗口、预览对象方位控制按钮以及仿真进程控制按钮等。

（2）单击对象选择器窗口上方的按钮，弹出如图 2-14 所示的 Pick Devices（设备选择）对话框，在 Keywords 文本框中输入芯片型号的关键字，在右侧出现的结果中选中需要的芯片，然后单击 OK 按钮。

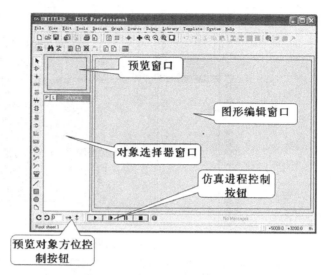

图 2-13　Proteus ISIS 开发界面

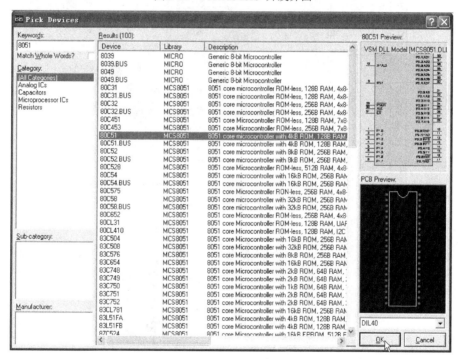

图 2-14　Pick Devices 对话框

（3）回到开发主界面，鼠标移入图形编辑窗口中会变成笔状，选择合适位置并双击鼠标将显示芯片，如图 2-15 所示。

（4）参照添加芯片的方法添加发光二级管和电阻，器件添加完成后的效果如图 2-16 所示。

（5）在电阻元件上右击，在弹出的快捷菜单中选择 Rotate Clockwise 命令，将电阻进行顺时针旋转，如图 2-17 所示。

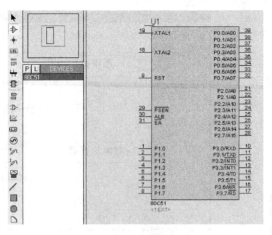

图 2-15　图形编辑窗口

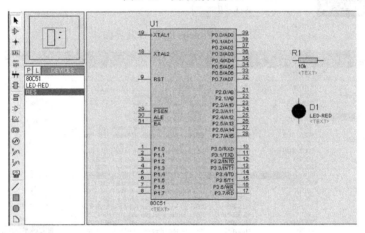

图 2-16　器件添加效果图

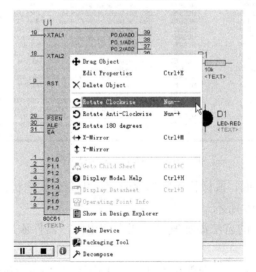

图 2-17　电阻旋转摆放

（6）选择左侧工具栏中的元件图标，将鼠标移到图形编辑窗口中单片机的 P0.0 引脚处，当引脚处出现高亮小方块时单击，将引出的绿色连线指向 LED 并单击确认，如图 2-18 所示。使用同样的方法将 LED 和电阻相连。

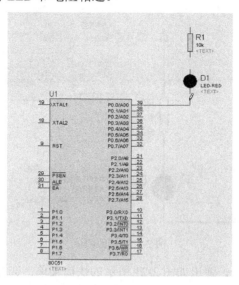

图 2-18　元器件连线图

（7）单击左侧工具栏中的元件图标，在对象选择器窗口中选择 POWER，将电源符号放到电阻符号的上方与电阻相连（系统默认电压为 5V），如图 2-19 所示。

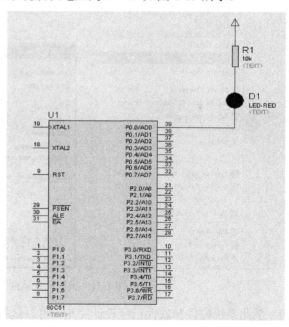

图 2-19　选择电源

（8）在电阻 R1 上右击，在弹出的快捷菜单中选择 Edit Properties 命令，打开 Edit

Component（编辑元件）对话框，在 Resistance 右侧的编辑栏中将阻值更改为 330，然后单击"确定"按钮，如图 2-20 所示。

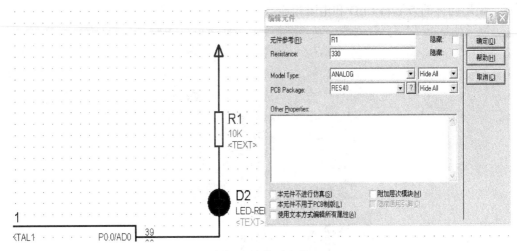

图 2-20　修改阻值

（9）在单片机上右击，弹出如图 2-21 所示的快捷菜单，选择 Edit Properties 命令，打开 Edit Component 对话框，单击 Program File 右侧的按钮，加载在 Keil C51 中编译好的 HEX 文件，然后单击 OK 按钮。

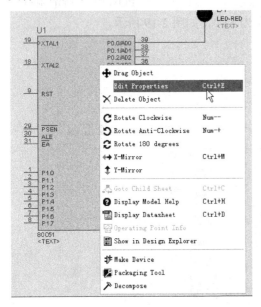
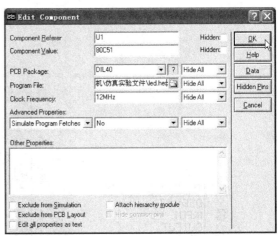

图 2-21　编辑元件属性

（10）至此系统硬件和软件已经设计完毕，可以运行 LED 灯闪烁系统了。单击仿真进程控制按钮中的开始按钮，此时可以看到 LED 开始以一定的时间间隔一亮一灭，如图 2-22 所示。

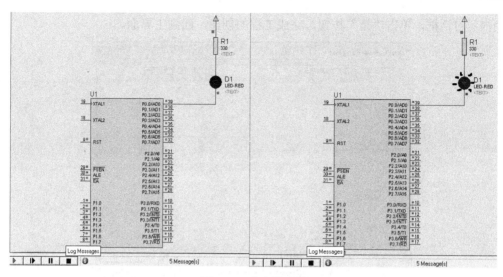

图 2-22 仿真效果图

2.2.2 Keil 软件的使用方法

（1）打开 μVision4，开发界面如图 2-23 所示，包括文件工具栏、编译工具栏、工程窗口以及输出窗口等。

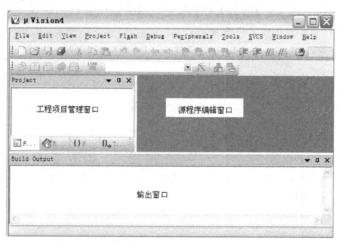

图 2-23 软件开发界面

（2）新建工程文件。选择"程序"→Keil μVision4 命令，启动 Keil μVision4 软件；选择菜单栏中的 Project→New μVision Project 命令，弹出 Create New Project（创建新工程）对话框，如图 2-24 所示，选择工程的保存路径，输入工程名"控制 LED 闪烁"（一般一个工程为一个独立的文件夹，工程名及其保存路径中、英文兼容），单击"保存"按钮，弹出 Select Device for Target'Target 1'（芯片选择）对话框，如图 2-25 所示，在该对话框中的 Data base 栏中可以看到该软件支持的 CPU 型号有很多，此处选择 Atmel 公司的 AT89S51，单击 Atmel 前面的"+"号展开该层，再单击选择其中的 AT89S51，然后单击 OK 按钮，弹出一个提示对话框，单击"是"按钮，完成工程的创建，回到主界面。

图 2-24　Create New Project 对话框

（3）新建程序源文件。选择菜单栏中的 File→New 命令或者单击工具栏中的"新建文件"按钮，为工程新建一个程序源文件，并命名为"控制 LED 闪烁.c"（一定要在源文件名的后面加后缀.c）；选择菜单栏中的 File→Save 命令或者单击工具栏中的"保存文件"按钮，将该源文件保存到与工程文件相同的文件夹中（这点很重要，请读者一定要把工程文件与程序源文件放在同一路径下的文件夹中）。

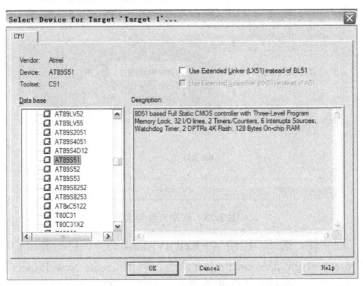

图 2-25　Select Device for Target 'Targe1'对话框

（4）编辑源程序文件。在源程序文件的编辑窗口输入如图 2-26 所示的程序代码。

（5）在工程中添加源程序文件。单击 Keil μVision4 主界面的左边 Target 1 前面的"+"按钮，右击 Source Group 1，在弹出的快捷菜单中选择 Add Files to Group'Source Group 1'

命令（如图 2-27 所示），弹出如图 2-28 所示的选择文件类型对话框。

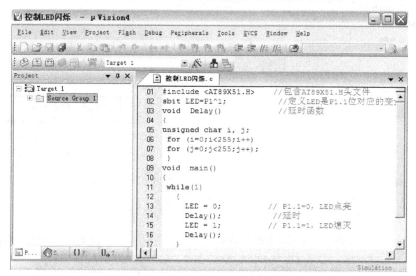

图 2-26 源程序文件的编辑窗口

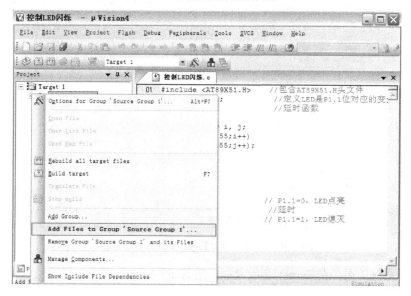

图 2-27 添加源程序文件到工程

　　在图 2-28 的选择文件类型对话框中，找到源程序文件的保存路径，再选择"控制 LED 闪烁.c"文件，单击 Add 按钮，把源程序文件添加到工程中。此时，在左边文件夹 Source Group 1 中就出现了被添加的文件，如图 2-29 所示。在 Source Group 1 文件夹中除了被添加的源程序文件，还有 STARTUP.A51 和 at89x51.h 两个文件，分别是程序的启动文件和程序的头文件。

　　（6）配置工程属性。选择菜单栏中的 Project→Options for Target'Target 1'命令，或者单击工具栏中的 按钮，弹出 Options for Target'Target 1'对话框，如图 2-30 所示。

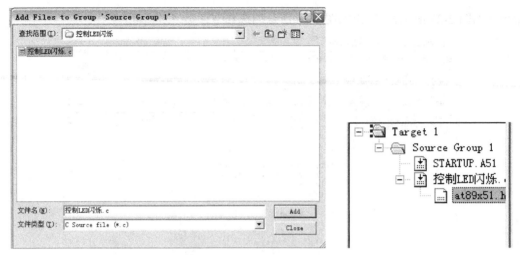

图2-28　选择文件类型对话框　　　　　　图2-29　完成文件添加

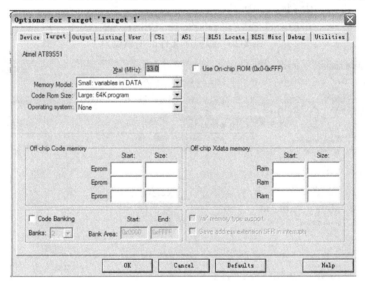

图2-30　Options for Target'Target 1'对话框

　　① 选择系统晶振。在 Target 选项卡中，把 Xtal（MHz）改为 12，表示采用 12MHz 的晶振频率。

　　② 生成可执行文件。选择 Output 选项卡，如图 2-31 所示，选中 Create Executable 单选按钮，再选中 Creat HEX File 复选框，单击 OK 按钮，即在程序编译时，可产生可执行文件（控制 LED 闪烁.HEX）。

　　（7）编译程序。选择菜单栏中的 Project→Build target 或 Build all target files 命令，或者单击工具栏中的📖或📖按钮，对程序进行编译，若编译结果如图 2-32 所示，说明程序编译成功，并生成 HEX 文件。

　　（8）软件程序调试。

　　① 单击工具栏中的📖按钮，会弹出 Options for Target'Target 1'对话框，如图 2-30 所示。

选择 Debug 选项卡，如图 2-33 所示，选中 Use Simulator 单选按钮，单击 OK 按钮。

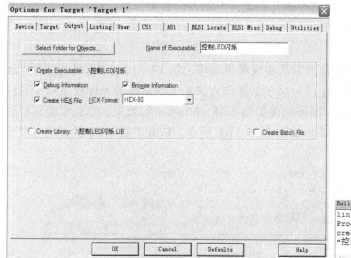

图 2-31 Output 选项卡　　　　　　　　　　　　图 2-32 编译输出结果

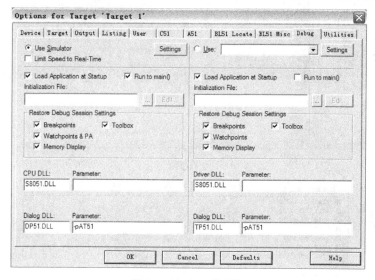

图 2-33 Debug 选项卡

② 选择菜单栏中的 Debug→Start/Stop Debug Session 命令，或者单击工具栏中的 🔍 按钮，进入程序调试状态，如图 2-34 所示。

③ 选择菜单栏中的 Peripherals→I/O-Ports→Port1 命令，弹出如图 2-34 所示的 Parallel Port 1 对话框，当前的 P1=0xFF。

④ 用调试工具调试程序。单击调试工具栏中的 🔘 按钮（图 2-34（a）左上角的框内），此时，黄色箭头移动到程序的第 13 行，如图 2-34（a）所示。单击"单步运行"按钮 🔘，黄色箭头移动到程序的第 14 行，如图 2-34（b）所示，然后单击 🔘 按钮，黄色箭头运行到第 15 行，一步越过延时函数，如图 2-34（c）所示。

⑤ 在第15行"LED=1;"处设置一个断点。双击该行，或者把鼠标的光标放在该行，单击工具栏中的"断点"按钮●，即可在该行设置一个断点，如图2-35（a）所示。

⑥ 单击工具栏中的"全速"按钮图，黄色箭头立刻移动到程序的第15行，如图2-35（a）所示。

除了采用"断点"与"全速"结合的方法实现跳过程序的第13～14行外，还可采用"运行到光标处"的方法实现跳过程序的13～14行。操作方法为先将鼠标的光标放在第15行，然后单击"运行到光标处"按钮图，即可实现如图2-35（b）所示的效果。然后单步运行到第16行，此时，P1口的值变为0xFF，如图2-35（b）所示。依此类推，P1引脚的电平不断变化，从而实现了LED的闪烁。

（a）

（b）

图2-34 调试状态界面

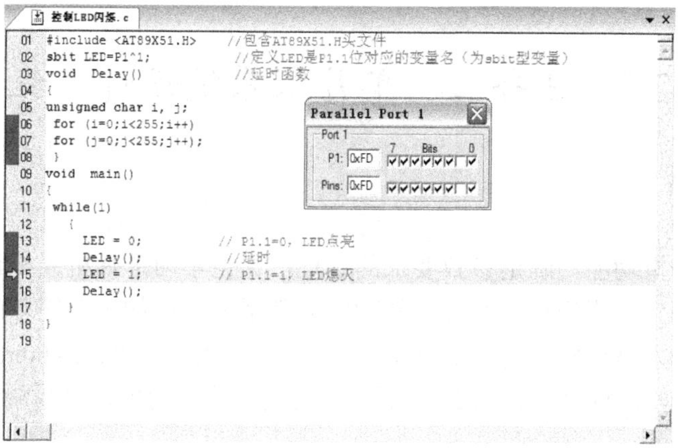

（c）

图 2-34 调试状态界面（续）

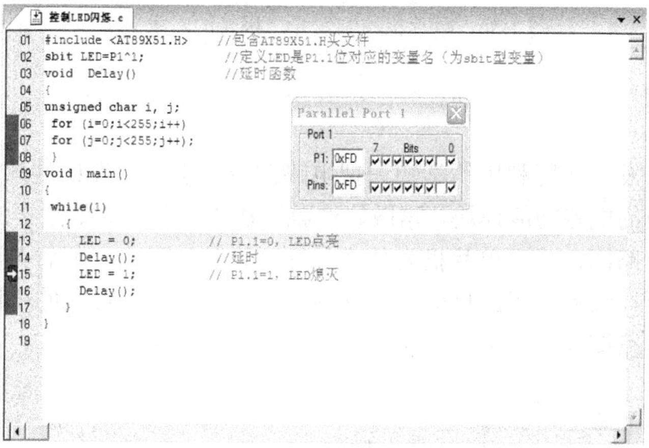

（a）

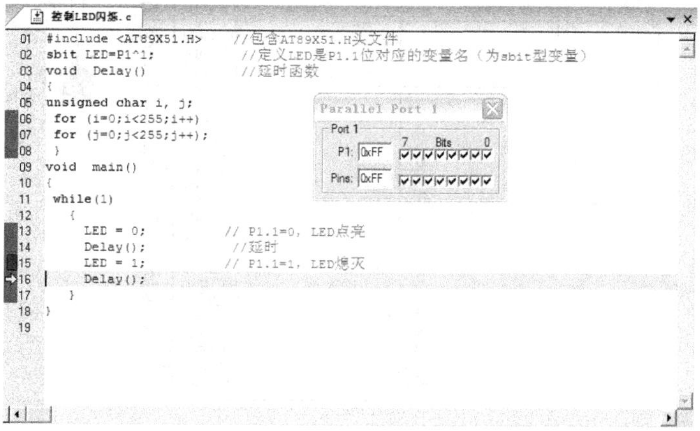

（b）

图 2-35 程序软件调试过程

2.3 任务三 单片机系统设计流程

2.3.1 需求分析

需求分析是分析功能，确定参数要求的过程，无论学习单片机系统设计或是设计一些解决实际问题的题目，明确最终要实现的功能非常重要。例如一个简单的单片机控制发光二极管，功能确定为单片机控制一个发光二极管点亮400ms，熄灭400ms，再点亮400ms，再熄灭400ms……如此反复，如图2-36所示，这是最简单的单片机系统。

图 2-36 单片机控制发光二极管的需求分析

2.3.2 电路设计

从系统框图出发，即可利用所学知识把电路图设计出来。设计过程中单片机部分的电路可参考许多现成的电路功能模块，稍做修改就可以直接使用。如图2-37所示是根据系统框图设计的一个电路图，至于单片机为什么是这样设计、发光二极管为什么以这种方式连接，稍后还会有更详细的介绍。目前只要感受到系统需求分析形成的框图（图2-36）已经根据经验设计成电路图（图2-37）即可。

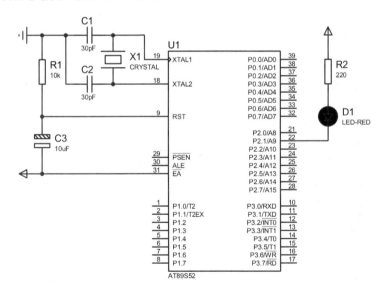

图 2-37 单片机控制一个发光二极管的电路图

电路图设计完成后，购买电路所需元器件，并利用面包板、万用板等把实际的电路搭出来，以便接下来程序调试过程中有一个硬件平台。

2.3.3　程序设计

单片机实现具体的功能靠的是程序，类似图 2-37 中的电路搭建出来之后就好比一台没有软件的计算机，接通电源后各个元器件正常工作，但是对外不表现任何功能。

图 2-37 中发光二极管与单片机的 P2.1 的引脚相连，这个引脚本身并不会产生让发光二极管闪烁的功能，需要设计控制单片机的程序并将其写入单片机中。单片机程序用 C51 语言编写（后面详细介绍），将设计好的程序通过一个连接计算机 USB 口和单片机下载接口的下载器下载到单片机中，如图 2-38 所示。下载完成后，单片机启动时运行下载的程序即可实现相应的控制功能。

2.3.4　系统调试和仿真

调试阶段，"磨合"软件和硬件以便它们共同实现系统功能。当程序下载到单片机系统后，启动单片机运行程序，观察系统的"反应"和设计是否相符。例如图 2-36 中要求发光二极管以 400ms 为间隔进行闪烁。当程序设计完成并下载到单片机后，可能出现的问题是发光二极管不闪烁或闪烁的时间间隔不对。如果出现这些与设计不符的实验效果，首先保证硬件电路是正确的前提下，回到程序中找错误，修改后再下载到单片机系统中。如此反复，直到系统运转正常为止。

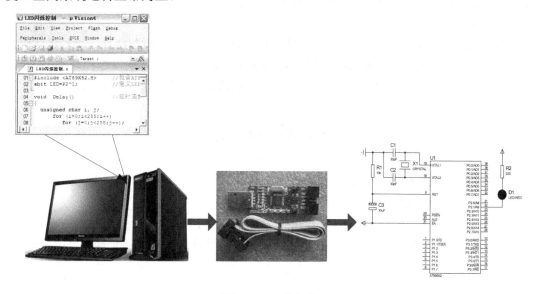

图 2-38　下载程序

程序代码如下：

```
#include <AT89X52.H>        //包含 AT89X52.H 头文件
sbit LED=P2^1;              //定义 LED 是 P2.1 位对应的变量名（为 sbit 型变量）
```

47

```
void    Delay()                     //延时函数
{
  unsigned char i, j;
      for (i=0;i<255;i++)
          for (j=0;j<255;j++);
}
void    main()
{
   while(1)
   {
      LED = 0;                      //P2.0=0，LED 点亮
      Delay();                      //延时
      LED = 1;                      //P2.0=1，LED 熄灭
      Delay();
   }
}
```

关键知识点小结

1. Keil C51 是基于 8051 内核的微控制器软件开发平台，是 51 系列单片机 C 语言软件开发系统。可以完成工程建立和管理、编译、连接、目标代码的生成、软件仿真和硬件仿真等完整的开发流程。

2. Proteus 能在计算机上完成从原理图与电路设计、电路分析与仿真、单片机代码级调试与仿真、系统测试与功能验证到形成 PCB 的完整的电子设计、研发过程。

3. 单片机系统设计流程主要包括需求分析、电路设计、程序设计和仿真调试。

课后习题

1. 简述 Keil C51 和 Proteus 软件的主要功能。
2. 简述单片机系统设计流程。
3. 调试程序时，黄色箭头指向的当前行代码有没有执行？
4. 绘制任务 3 的程序运行轨迹，即黄色箭头在程序代码前移动的轨迹。

项目三　单片机实现对 LED 灯控制

随着人们生活环境的不断改善和美化，在许多场合可以看到彩色的霓虹灯，尤其是行走在夜晚的街道上，色彩斑斓不断变换的彩色霓虹灯广告牌吸引着不少人的目光。看着这些美景不少人会有"真漂亮，我要是能做这些该有多好啊"等想法。其实，这些美景的实现原理并不复杂，通过学习相信大家都能设计并制作它。8 路流水灯是由 8 盏 LED 指示灯组成一长列形式的电子灯，取名为"流水"是因为灯在工作时亮灭有序形如行云流水般畅快。通过程序使单片机 P0.0 引脚的 LED 点亮，那么如何实现呢？

在本项目中，通过完成 4 个任务详细介绍单片机实现对 LED 灯控制的方法和技巧。

📖　任务一　点亮一个 LED

📖　任务二　LED 闪烁控制与实现

📖　任务三　LED 循环点亮控制与实现

📖　任务四　技能拓展训练

3.1　任务一　点亮一个 LED

本任务将详细介绍如何点亮一个 LED。

3.1.1　单片机最小系统应用

单片机最小系统是指由单片机和一些基本的外围电路所组成的一个可以工作的单片机系统。一般来说，它包括单片机、晶振电路和复位电路。单片机最小系统只是单片机能满足工作的最低要求，不能对外完成控制任务，实现人机对话。要进行人工对话还要一些输入、输出部件，用作控制时还要有执行部件。常见的输入部件有开关、按钮、键盘、鼠标等，输出部件有指示灯 LED、数码管、显示器等，执行部件有继电器、电磁阀等。接下来应用单片机最小系统实现 LED 点亮控制。

1. 需求分析

利用单片机最小系统，通过程序控制单片机 P0.0 引脚的 LED 点亮。

2. 电路设计

使用 AT89S52 或 AT89C52 单片机，P0.0 引脚接一个 LED 的阳极，通过程序控制发光二极管点亮。在 Proteus 仿真软件上绘制一个 LED 点亮电路。具体的电路图如图 3-1 所示。此电路是由单片机最小系统、放大电路和 LED 构成。放大作用是由 NPN 三极管实现的，三极管的基极经电阻 R2 接到 P0.0 引脚。

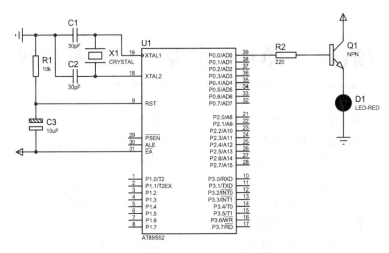

图 3-1　LED 点亮电路原理图

所需的元器件清单如表 3-1 所示。

表 3-1　元器件清单

元器件名称	元器件参数	数　量
单片机	AT89S52 或 AT89C52	1
晶振	CRYSTAL（12MHz）	1
电容	CAP（30PF）	2
电解电容	CAP-ELEC（10μF）	1
电阻	RES（10K，220）	1，8
红色发光二极管	LED-RED	1
三极管	2N3392	1

3. 程序设计

当 P0.0 输出高电平，三极管导通，将电源电压加到发光二极管的阳极，从而使发光二极管流过一定的电流，点亮发光二极管。

```
#include <AT89X52.H>        //包含 AT89X52.H 头文件
Sbit LED=P0^0;             //定义 LED 是 P1.0 位对应的变量名（为 sbit 型变量）
void main (void)
{
    LED=1;                  //P1.0=0，LED 点亮
    while(1);
    }
```

4. 调试和仿真

单片机控制 LED 点亮程序设计好以后，打开单片机控制 LED 点亮电路，加载 HEX 文件，进行仿真运行，观察实验现象是否与设计要求相符。

3.1.2　C 语言程序的基本构成

1．C 语言函数

　　C 语言程序是由一个或多个函数构成的，最简单的程序只有一个 main()函数，在一个 C 语言程序中必须有一个且仅有一个 main()函数，除了 main()函数，还可以有其他函数，由于这些函数是由用户根据需要自行设计的，因此将这些函数称为自定义函数，如项目二中的 Delay()函数。另外，在 C 语言程序中，还可以有 C 语言本身提供的函数，称为库函数。那么库函数和用户自定义函数有什么区别呢？简单地说，任何使用 Keil C 语言的用户，都可以直接调用 C 语言的库函数而不需要为该函数写任何代码，只需要包含具有该函数说明的相应的头文件即可；自定义函数则是完全个性化的，是用户根据自己的需要编写的。Keil C 提供了一百多个库函数供用户直接使用。一个 C 语言程序总是从 main()函数开始执行的，而不是物理位置上这个 main()放在什么地方。在项目二中的 C 语言程序中，main()就是放在最后，事实上这往往是最常用的一种方式。

2．函数的组成

　　（1）函数的首部，即函数的第一行，包括函数名、函数类型、函数属性、函数参数（形参）名、参数类型。例如：

```
void   Delay()
```

一个函数名后面必须跟一对圆括号，即便没有任何参数也是如此。

　　（2）函数体，即函数首部下面的大括号"{}"内的部分。如果一个函数内有多个大括号，则最外层的一对"{}"为函数体的范围。函数体一般包括以下几部分。

　　声明部分：定义所用到的变量，如 void Delay()中的"unsigned char i, j;"。

　　执行部分：由若干个语句构成。

　　在某些情况下也可以没有声明部分，甚至也可以既没有声明部分，也没有执行部分，例如：

```
void   Delay()
{}
```

这是一个空函数，什么也没做，但它是合法的。

　　在编写程序时，可以利用空函数，例如主程序需要一个延时函数，但是具体延时多少，怎样延时，暂时还不清楚，可以先把主程序的框架结构设计好，编译通过后再考虑延时问题。具体语句可以以后慢慢地填，这样在主程序中就可以调用此函数了。

3．标识符

　　变量名、常数名、数组名、函数名、文件名与类型名等统称为标识符。C 语言规定标识符只能由字母、数字和下划线 3 种字符组成，且第一个字符必须为字母或下划线，如"1A"是错误的，编译时会有错误提示。要注意的是 C 语言中大写字母与小写字母被认为是两个不同的字符，即 Sum 和 sum 是两个不同的标识符。可以将标识符分为预定义标识符和用户标识符，标准库函数的名字，如 printf、sqrt、pow 与 sin 等，还有预编译处理命令，如 define 与 include 等，都属于预定义标识符。用户标识符则是由用户根据需要定义的标识符。如用户定义的变量名 a、b、sum 与 x1 等，用户定义的函数名 f1、rep、facto 与 sort 等。标识符命名时应当简单，含义清晰，这样有助于阅读理解程序。标准的 C 语言并没有规定标识符的长度，但是各个 C 语言编译系统有自己的规定，在 Keil C 编译器中，只支持标识符的前 32 位为有效标识。

4．关键字

关键字是编程语言保留的特殊标识符，具有固定名称和含义，在程序编写中不允许标识符与关键字相同。Keil C 中的关键字除了有 ANSI C 标准的 32 个关键字外，还根据 51 单片机的特点扩展了相关的关键字。在 Keil C 的文本编辑器中编写 C 程序，系统把保留字以不同的颜色显示，默认颜色为天蓝色。

3.1.3　C 语言基本语句

C 语言程序是由一个或多个函数组成的，而函数又是由若干个语句组成的。语句是由一些基本字符和定义符按照 C 语言的语法规定组成的，每个语句以分号结束，分号是 C 语句的必要组成部分。C 语言的语句可分为以下 5 种类型：表达式语句、函数调用语句、控制语句、复合语句和空语句。

1．表达式语句

表达式语句是由一个表达式加一个分号构成一条语句，其作用是计算表达式的值或改变变量的值。其一般形式为：

```
表达式;
```

即在表达式末尾加上分号，就变成了表达式语句。最典型的表达式语句是：在赋值表达式后加一个分号构成赋值语句。例如，"a=3" 是一个赋值表达式，而 "a=3;" 是一个赋值语句。

2．函数调用语句

由一个函数调用加一个分号构成函数调用语句，其作用是完成特定的功能。其一般形式是：

```
函数名(参数列表);
```

例如：

```
mDelay(100);            //调用延时函数，参数是 100
```

3．控制语句

控制语句用于完成一定的控制功能，以实现程序的各种结构方式。C 语言有 9 种控制语句，可分为以下 3 类。

（1）条件判断语句：if 语句、switch 语句。

（2）循环语句：for 语句、while 语句、do-while 语句。

（3）转向语句：break 语句、continue 语句、goto 语句、return 语句。

4．复合语句

复合语句是用一对大括号将若干条语句括起来，也称为分程序，在语法上相当于一条语句。例如：

```
main()
{……
   {t=x;
   X=y;
   Y=t;} //复合语句
}
```

5．空语句

只有一个分号的语句称为空语句。其一般形式是：

```
;
```

空语句什么操作也不执行，常用于作为循环语句中的循环体，表示循环体什么也不做。

由于 C 语言程序的书写格式是自由的，所以，一个语句可写在一行上，也可分写在多行内。一行内可以写一个语句，也可写多个语句。书写的缩进没有要求，但是建议读者按一定的规范来写，更便于查看。注释内容可以单独写在一行上，也可以写在一个语句之后。可以用"/*……*/"的形式为 C 程序的任何一部分作注释，在"/*"开始后，一直到"*/"为止的任何内容都被认为是注释，所以在书写时，特别是修改源程序时要特别注意，有时无意之中删掉一个"*/"，那么，从这里开始一直到下一个"*/"中的全部内容都被认为是注释致使原本编译通过的程序出现了几十个甚至上百个错误，这时就要检查一下是否存在这种情况，如果存在，应补写"*/"。Keil C 也支持 C++风格的注释，即用"//"引导的后面的语句是注释，例如：

```
P2_0=! P2_0;//取反 P2.0
```

这种风格的注释只对本行有效，所以不会出现上面的问题，而且书写比较方便，所以在只需要一行注释时，往往采用这种格式。

3.2　任务二　LED 闪烁控制与实现

1．需求分析

LED 的阳极通过 220Ω 限流电阻后连接到 5V 电源上，P1.1 引脚接 LED 的阴极，P1.1

引脚输出低电平时，LED点亮；输出高电平时，LED熄灭。LED闪烁功能的实现过程如下：

（1）P1.1引脚输出低电平，LED点亮。

（2）延时。

（3）P1.1引脚输出高电平，LED熄灭。

（4）延时。

（5）重复步骤（1）（循环），即可实现LED闪烁。

2. 电路设计

在单片机最小系统基础上，根据要求设计该电路，电路原理图如图3-2所示。所需元器件清单如表3-2所示。

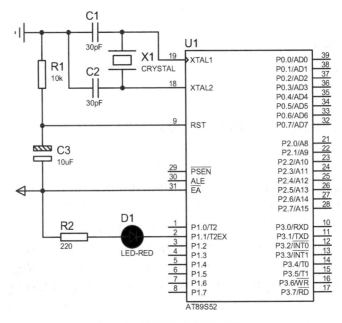

图3-2　LED闪烁电路原理图

表3-2　元器件清单

元器件名称	元器件参数	数　量
单片机	AT89S52 或 AT89C52	1
晶振	CRYSTAL（12MHz）	1
电容	CAP（30PF）	2
电解电容	CAP-ELEC（10μF）	1
电阻	RES（10K，220）	1，8
红色发光二极管	LED-RED	1

3. 程序设计

经以上分析可以编写如下控制程序，实现LED闪烁控制。

```
#include <AT89X52.H>          //包含 AT89X52.H 头文件
sbit LED=P1^1;                //定义 LED 是 P1.1 位对应的变量名（为 sbit 型变量）
void Delay()                  //延时函数
{
unsigned char i, j;
    for (i=0;i<255;i++)
        for (j=0;j<255;j++);
}
void   main()
{
 while(1)
  {
        LED = 0;              //P1.1=0，LED 点亮
        Delay();             //延时
        LED = 1;             //P1.1=1，LED 熄灭
        Delay();
   }
}
```

程序编写说明：

（1）由于单片机执行指令的速度很快，如果不进行延时，点亮之后马上就熄灭，熄灭之后马上就点亮，速度太快，由于人眼的视觉暂留效应，根本无法分辨，所以在控制 LED 闪烁的时候需要延时一段时间，否则就看不到"LED 闪烁"的效果。

（2）延时函数是定义在前，使用在后。这里使用了两条 for 语句构成双重循环，循环体是空的，实现延时的目的。如果想改变延时时间，可以通过循环次数调整来实现。

（3）如果延时函数是使用在前，定义在后，程序代码如下：

```
#include <AT89X52.H>          //包含 AT89X52.H 头文件
sbit LED=P1^1;                //定义 LED 是 P1.1 位对应的变量名（为 sbit 型变量）
void Delay();                 //函数声明
void main()
{
   while(1)
   {
     LED = 0;                 //P1.1=0，LED 点亮
     Delay();                 //延时
     LED = 1;                 //P1.1=1，LED 熄灭
     Delay();
    }
}
void   Delay()                //延时函数
{
   unsigned char i, j;
   for (i=0;i<255;i++)
       for (j=0;j<255;j++);
}
```

（4）"unsigned char i, j;"语句是定义 i 和 j 两个变量为无符号字符型，取值范围为 0～255。

4．仿真

LED 闪烁程序设计好以后，下面进行调试，看看是否与设计相符，首先要生成"*.hex"文件。在以后工作模块中不再详细叙述其具体过程。

（1）建立工程文件，选择单片机。工程文件名为"LED 闪烁"（也可以为其他），选择单片机型号为 Atmel 的 AT89S52。

（2）建立源文件，加载源文件。源文件名为"LED 闪烁.C"。

（3）设置工程的配置参数。Target 选项卡的晶振频率设为 12MHz，在 Output 选项卡中选中 Create HEX File 复选框。

（4）进行编译和连接。

（5）进入调试模式，打开 P1 口对话框。在调试模式中，选择"外围设备"→I/O→Ports→Port1，打开 P1 口对话框。

（6）全速运行程序。选择"调试"→"运行到"命令或单击调试工具栏中的"运行"按钮。通过 P1 口对话框观察 P1.0 引脚的电平变化状态，以间接分析 LED 闪烁规律是否与设计相符。调试窗口如图 3-3 所示。

```
01 #include <AT89X52.H>        //包含AT89X52.H头文件
02  sbit LED=P1^1;             //定义LED是P1.0位对应的变量名（
03  void  Delay();
04  void  main()
05  {
06       while(1)
07       {
08            LED = 0;
09            Delay();
10            LED = 1;
11            Delay();
12       }
13  }
```

```
Parallel Port 1
Port 1
            7    Bits    0
P1: 0xFD   ☑☑☑☑☑☑□☑
Pins: 0xFD  ☑☑☑☑☑☑□☑
```

图 3-3　调试窗口

3.3　任务三　LED 循环点亮控制与实现

1．需求分析

通电时，最左边的第一盏灯先亮，然后熄灭，第二盏灯亮，再灭，按此方式直到第 8 盏灯，一个轮回后继续重复上一轮回直到断电。

2．电路设计

使用 AT89S52 或 AT89C52 单片机，P1 口引脚接 8 个 LED 的阳极，通过程序按一定的规律向 P1 口的引脚输出高电平和低电平，控制 8 个发光二极管循环点亮。8 路流水灯的硬件设计图如图 3-4 所示。

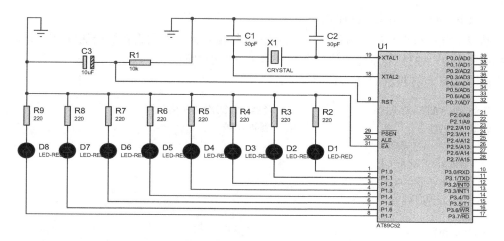

图 3-4　8 路流水灯电路原理图

所需的元器件清单如表 3-3 所示。

表 3-3　元器件清单

元器件名称	元器件参数	数　量
单片机	AT89C52	1
晶振	CRYSTAL（12MHz）	1
电容	CAP（30PF）	2
电解电容	CAP-ELEC（10μF）	1
电阻	RES（10K）	1
发光二极管	LED	8
电阻	220Ω	8

3. 软件设计

在 LED 循环点亮硬件电路设计完毕以后，还看不到循环点亮的现象，还需要编写程序控制单片机引脚电平的高低变化来控制 LED 的亮灭，从而实现 LED 的循环点亮。

1）LED 循环点亮功能实现分析

由于 LED 循环点亮电路的 LED 是采用共阴极接法，这样就可以通过低电平 0 和高电平 1 控制 LED 的灭和亮。例如，在 P1 口输出十六进制数 0x00，8 盏灯全部熄灭。输出十六进制数 0x80，第 8 盏灯被点亮。LED 循环点亮功能的实现过程如下：

（1）8 个 LED 全灭，控制码为 0x00。

（2）D1 点亮，P1 口输出 0x01，控制码为 0x01（初始控制码）。

（3）D2 点亮，P1 口输出 0x02，控制码为 0x02。

（4）D3 点亮，P1 口输出 0x04，控制码为 0x04。

　……

（5）D8 点亮，P1 口输出 0x80，控制码为 0x80。

（6）重复步骤（2），即可实现 LED 循环点亮。

2）LED 循环点亮控制程序设计

从以上分析可以看出，首先使所有的 LED 灯都熄灭，然后将控制码送到 P1 口输出点亮相应的 LED。控制码左移一位，即可获得下一个控制码。

LED 循环点亮控制 C 语言程序如下：

```
#include <AT89X52.H>              //包含 AT89X52.H 头文件
void Delay()                     //延时函数
{
    unsigned char i, j;
    for (i=0;i<255;i++)
      for (j=0;j<255;j++);
  }
void main()
{
    unsigned char i;
    unsigned char temp;
    P1 = 0x00;                   //十六进制全 0，熄灭所有 LED
    while(1)
    {
      temp = 0x01;               //第一位为 1
      for (i=0;i<8;i++)
        {
          P1 = temp;             //temp 值送 P1 口
          Delay();
          temp = temp << 1 ;     //temp 值左移一位
        }
    }
}
```

程序开始时，将初始控制码送 P1 口输出，该数控制 P1.0 为高电平，其余位为低电平，点亮 D1，然后延时一段时间，将控制码左移一位，获得下一个控制码，送到 P1 口输出。这样就实现了"LED 循环点亮"的效果。这里要说明一下，延时的目的是为了能看到"LED 循环点亮"的效果。因为由于人眼的视觉暂留效应以及单片机执行每条指令的时间很短，在控制 LED 亮灭时应该延时一段时间，否则就看不到"LED 循环点亮"的效果了。

3.4 任务四 技能拓展训练

3.4.1 显示花式一

在图 3-1 的仿真电路基础上，实现流水灯从一端显示到另一端，显示到底时反过来，再从终端显示到开始端。每次只点亮一盏灯。

经具体分析和调试，编写的程序如下：

```c
#include <AT89X52.H>              //包含 AT89X52.H 头文件
void Delay()                      //延时函数
{
  unsigned char i, j;
  for (i=0;i<255;i++)
    for (j=0;j<255;j++);
}
void main()
{
    unsigned char i,j;
    unsigned char temp;
    P1 = 0x00;                    //十六进制全 0，熄灭所有 LED
    while(1)
    {
      temp = 0x01;                //第一位为 1
      for (i=0;i<8;i++)
        {
        P1 =   temp;              //temp 值送 P1 口
        Delay();
        temp = temp << 1 ;        //temp 值左移一位
        }
        temp = 0x80;
        for (j=0;j<8;j++)
      { temp = temp >> 1 ;        //temp 值右移一位
        P1 =   temp;              //temp 值送 P1 口
        Delay();
        }
    }
}
```

3.4.2 显示花式二

在图 3-1 的仿真电路基础上，实现流水灯从中间显示到两端，再从两端显示到中间，如此循环。经具体分析和调试，编写的程序如下：

```c
#include <AT89X51.H>              //包含头文件
unsigned char code tab[]={0x81,0x42,0x24,0x18,0x24,0x42,0x81};
void Delay()                      //延时函数
{
  unsigned char i, j;
      for (i=0;i<255;i++)
        for (j=0;j<255;j++);
}
void main()
{
```

```
    unsigned char k;
    while(1)
    { P1 =0x00;
      for(k=0;k<10;k++)
        {
          P1 = tab[k];
          Delay();                    //延时
        }
      }
}
```

3.4.3   显示花式三

在图 3-1 的仿真电路基础上，实现流水灯从一端显示到另一端，显示到底时反过来，再从终端依次熄灭到开始端。

```
#include <AT89X52.H>                 //包含 AT89X52.H 头文件
void Delay()                         //延时函数
{
  unsigned char i, j;
      for (i=0;i<255;i++)
          for (j=0;j<255;j++);
}
void main()
{
  unsigned char i,j;
  unsigned char temp;
  P1 = 0x00;                         //十六进制全 0，熄灭所有 LED
  while(1)
    {
      temp = 0x01;                   //第一位为 1
      for (i=0;i<8;i++)
        {
          P1 = temp;                 //temp 值送 P1 口
          Delay();
          temp = temp << 1 ;         //temp 值左移一位
        }
        temp = 0xfe;
        for (j=0;j<8;j++)
      { temp = temp >> 1 ;           //temp 值右移一位
        P1 =   temp;                 //temp 值送 P1 口
        Delay();
        }
      }
    }
```

关键知识点小结

1. AT89C51（AT89S51）单片机最小系统指由单片机和一些基本的外围电路所组成的一个可以工作的单片机系统。一般来说它包括单片机、电源、晶振电路和复位电路。

2. C 语言程序是由一个或多个函数构成的，在一个 C 语言程序中必须有一个且仅有一个 main() 函数，除了 main() 函数，还可以有自定义函数和库函数。一个函数由两部分组成：函数的首部，包括函数名、函数类型、函数属性、函数参数（形参）名、参数类型；函数体，即函数首部下面的大括号"{}"内的部分。

3. C 语言规定标识符只能由字母、数字和下划线 3 种字符组成，且第一个字符必须为字母或下划线。标识符分为预定义标识符和用户标识符。标准库函数的名字和预编译处理指令都属于预定义标识符。用户标识符则是由用户根据需要定义的标识符。在 Keil C 编译器中，只支持标识符的前 32 位为有效标识。

4. 关键字是编程语言保留的特殊标识符，具有固定名称和含义，在程序编写中不允许标识符和关键字相同。Keil C 中的关键字除了有 ANSI C 标准的 32 个关键字外，还根据 51 单片机的特点扩展了相关的关键字。

5. C 语言的语句是由一些基本字符和定义符按照 C 语言的语法规定组成的，每个语句以分号结束，分号是 C 语句的必要组成部分。C 语言的语句可分为表达式语句、函数调用语句、控制语句、复合语句和空语句。

6. "#include<AT89X52.H>"语句是一个"文件包含"处理，是将 AT89X52.H 头文件的内容全部包含进来。"sbit LED=P1^1;"语句是定义用符号 LED 表示 P1.1 引脚。Keil C 支持 C++ 风格的注释，既可以用"//"注释，也可以用"/*……*/"注释。

课 后 习 题

1. 在任务三的电路基础上，编程实现流水灯从一端依次亮起到另一端过程中，灯显示速度越来越快。

2. 什么是单片机最小系统？最小系统包含哪几部分？

3. 请写出定义函数的语法格式，有参函数、无参函数的定义格式区别是什么？什么情况下适合使用有参函数？什么情况下适合使用无参函数？

4. 如果循环次数确定，一般会使用哪种循环语句？请写出其使用的格式。

5. 如果在编写程序时循环次数无法事先知道，但知道到了某一条件时必须退出循环，那么会使用哪种循环语句？

6. 如果编写程序时遇到下面的情况：根据某个情况的变化，符合某一条件时需要执行一些语句，不符合这一条件时则需要执行另外一些语句，会使用哪种控制语句？请简要写出语句的代码。

项目四 数码管显示控制

在本项目中，通过6个任务详细介绍数码管显示控制的方法和技巧。

- 📖 任务一 认识数码管
- 📖 任务二 C语言语句结构
- 📖 任务三 数码管循环显示0～F
- 📖 任务四 多个数码管动态扫描显示
- 📖 任务五 数码管静态扫描显示——0～99计数显示
- 📖 任务六 七段字型译码器74LS47的应用

4.1 任务一 认识数码管

数码管是以发光二极管为基本单元的半导体发光器件。日常生活中，电子秤、电子数码钟等的显示都是利用数码管来实现的。

4.1.1 数码管应用

LED数码管以发光二级管作为发光单元，颜色有单红、黄、蓝、绿、白、七彩效果。单色、分段全彩管可用于大楼、道路、河堤轮廓亮化；LED数码管可均匀排布，形成大面积显示区域，可显示图案及文字，并可播放不同格式的视频文件。在PCB电路板上按红、绿、蓝顺序呈直线排列，以专用驱动芯片控制，即可构成变化无穷的色彩和图形。外壳采用阻燃PC塑料制作，强度高，抗冲击，抗老化，防紫外线，防尘，防潮。LED护栏管具有功耗小、无热量、耐冲击、使用寿命长等优点，配合控制器即可实现流水、渐变、跳变、追逐等效果。如果应用于大面积工程中，连接计算机同步控制器，还可显示图案、动画视频等效果。LED数码全彩灯管可以组成一个模拟LED显示屏，可以提供各种全彩效果及动态显示图像字符，可以采用脱机控制或计算机连接实行同步控制；可以显示各式各样的全彩动态效果。

4.1.2 数码管的分类

数码管按段数，可分为七段数码管和八段数码管。八段数码管比七段数码管多一个发光二极管单元（多一个小数点显示）。按能显示多少个"8"，可分为1位、2位、4位等数码管，实物如图4-1所示。按发光二极管单元的连接方式，可分为共阳极数码管和共阴极数码管。共阳极数码管是指将所有发光二极管的阳极连接到一起形成公共阳极（COM）的数码管。共阳极数码管在应用时应将公共极 COM 接到+5V，当某一字段发光二极管的阴极为低电平时，相应字段就点亮；当某一字段的阴极为高电平时，相应字段就不亮。共阴极数码管是指将所有发光二极管的阴极接到一起形成公共阴极（COM）的数码管。共阴极数码管在应用时应将公共极 COM 接到地线 GND 上，当某一字段发光二极管的阳极为高电平时，相应字段就点亮；当某一字段的阳极为低电平时，相应字段就不亮。

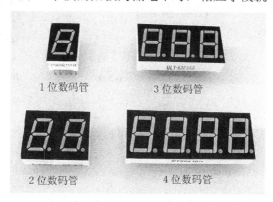

图 4-1　数码管实物

4.1.3　数码管的结构和工作原理

在单片机应用系统中，数码管常用来显示系统的工作状态、运算结果等信息，实现人机交互。LED 数码管常用段数一般为 7 段，有的另加一个小数点，即每个数码管由 8 个发光二极管组成，通过不同的发光字段组合，可以显示不同的字符。常用的数码管有 1 位、2 位、3 位、4 位、5 位、6 位、8 位、10 位等几种组合方式。LED 数码管根据 LED 的接法不同，可分为共阴极和共阳极两类，了解 LED 的这些特性，对编程是很重要的，因为不同类型的数码管，除了它们的硬件电路有差异外，编程方法也是不同的。颜色有红、绿、蓝、黄等几种。LED 数码管广泛用于仪表、时钟、家电等，选用时要注意产品尺寸颜色、功耗、亮度、波长等。如图 4-2 所示为常用 LED 数码管内部引脚图片。常见 1 位数码管有 10 根引脚，引脚排列如图 4-2（a）所示，其中 COM 为公共端。图 4-2（b）和图 4-2（c）分别是 1 位共阴极和 1 位共阳极数码管的内部电路，图 4-3（a）和图 4-3（b）所示分别是 2 位共阴极和 2 位共阳极数码管的内部电路。数码管的发光原理是一样的，只是电源极性不同。使用时，共阴极数码管公共端接地或低电平，共阳极数码管公共端接电源或高电平。每段发光二极管需 10～20mA 的驱动电流才能正常发光，一般需加限流电阻控制电流的大小。需要注意的是数码管内部没有电阻，使用时需外接限流电阻，如果不限流将会烧毁发光二极管。限流电阻的取值 R=(VCC-0)/(10-20)mA。

如图 4-3 所示，显示"0"字符，必须使数码管的 a、b、c、d、e 和 f 这 6 个发光二极管点亮（即使其为低电平），g 和 dp 两个发光二极管熄灭（即使其为高电平）。因此，dp、g、f、e、d、c、b、a 段的电平分别是 1、1、0、0、0、0、0、0，即 0xC0。表 4-1 中列出了共阳极和共阴极数码管的字型码。

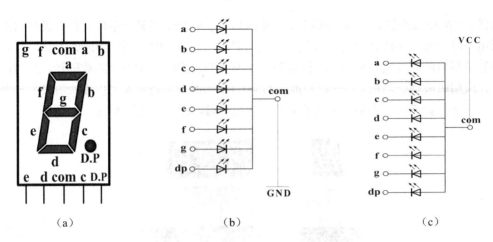

（a）　　　　　　　　（b）　　　　　　　　（c）

图 4-2　LED 数码管引脚及内部结构

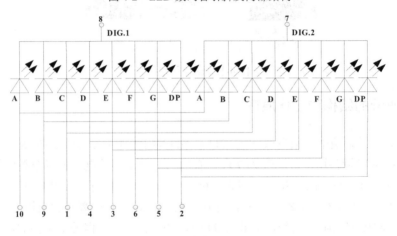

（a）

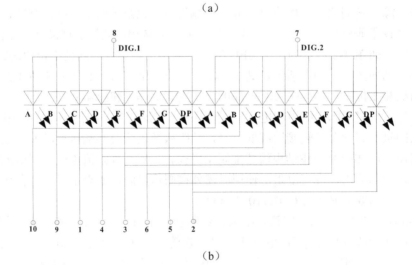

（b）

图 4-3　数码管内部结构图

表 4-1　LED 显示字形代码表

显　示	段　符　号								十六进制代码	
	dp	g	f	e	d	c	b	a	共 阴 极	共 阳 极
0	0	0	1	1	1	1	1	1	3FH	C0H
1	0	0	0	0	0	1	1	0	06H	F9H
2	0	1	0	1	1	0	1	1	5BH	A4H
3	0	1	0	0	1	1	1	1	4FH	B0H
4	0	1	1	0	0	1	1	0	66H	99H
5	0	1	1	0	1	1	0	1	6DH	92H
6	0	1	1	1	1	1	0	1	7DH	82H
7	0	0	0	0	0	1	1	1	07H	F8H
8	0	1	1	1	1	1	1	1	7FH	80H
9	0	1	1	0	1	1	1	1	6FH	90H
A	0	1	1	1	0	1	1	1	77H	88H
b	0	1	1	1	1	1	0	0	7CH	83H
C	0	0	1	1	1	0	0	1	39H	C6H
d	0	1	0	1	1	1	1	0	5EH	A1H
E	0	1	1	1	1	0	0	1	79H	86H
F	0	1	1	1	0	0	0	1	71H	8EH
H	0	1	1	1	0	1	1	0	76H	89H
P	0	1	1	1	0	0	1	1	F3H	8CH

由表 4-1 可知，同一个字符的共阴极和共阳极字型码是相反关系。例如，字符"0"的共阴极字型码为 0X3F，共阳极的字型编码为 0xC0，为按位取反关系。

4.1.4　数码管的显示方法

LED 数码管有动态显示和静态显示两种方法。

1. 动态显示

动态显示是一位一位地轮流点亮各位数码管的显示方式，即在某一时段只选中一位数码管的"位选端"，并送出相应的字型编码，在下一时段按顺序选通另外一位数码管，并送出相应的字型编码。依此规律循环，即可使各位数码管分别间断地显示出相应的字符。这一过程称为动态扫描显示。

2. 静态显示

静态显示是指数码管显示某一字符时，相应的发光二极管恒定导通或恒定截止。这种显示方式的各位数码管相互独立，公共端恒定接地（共阴极）或+5V（共阳极）。每个数码管的 8 个位段分别与一个 8 位 I/O 端口相连。I/O 端口只要有字型码输出，数码管就显示给定字符，并保持不变，直到 I/O 端口输出新的段码。

4.2　任务二　C语言语句结构

C语言是一种通用性很强的结构化程序设计语言。从程序流程的角度看，单片机C程序可以分为3种基本结构：顺序结构、选择结构和循环结构。通过这3种基本结构可以组成各种复杂的程序。

1．顺序结构

顺序结构程序是仅包含一个 main()函数的简单程序，适当运用表达式语句就能设计出具有某特定功能的顺序结构C51程序。这是一种最简单的基本结构，程序只由低地址向高地址顺序执行指令代码。该程序设计方法虽然简单，但在具体运用中，算法仍然采用自顶向下、逐步求精的方法进行设计。

2．选择结构

使单片机具有决策能力的是选择结构，这种结构也称为分支结构。选择结构中包含一个判断框，执行流程根据判断条件成立与否，选择执行其中的一路分支。

如图 4-4 所示是特殊的选择结构，即一路为空的选择结构。这种选择结构中，当条件成立时，执行一种操作，然后脱离选择结构；如果条件不成立，则直接脱离选择结构。它包括 if 语句结构和 switch 语句结构两种。

1）if 语句结构

C语言的 if 语句有 3 种形式：基本 if 形式、if-else 形式、if-else-if 形式和 if 语句的嵌套。

（1）基本 if 形式

语法结构如下：

```
if(表达式)
  {
  语句组;
  }
```

如果表达式的值为"真"，则执行"语句组"的语句内容，否则不执行该语句内容。具体的执行流程如图 4-4 所示。

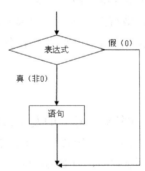

图 4-4　单分支 if 语句执行流程

（2）if-else 形式

语法结构如下：

```
if(表达式)
  {
  语句组 1;
  }
  else
  {
  语句组 2;
  }
```

如果 if 表达式的值为"真"，则执行"语句组 1"的语句内容，否则执行"语句组 2"语句内容。执行过程如图 4-5 所示。

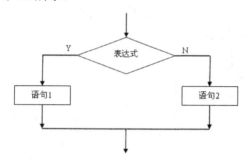

图 4-5　if-else 语句执行流程

if-else 语句使用过程中的注意事项如下：

① else 语句是 if 语句的子句，它是 if 语句的一部分，不能单独使用。

② else 语句总是与它上面最近的 if 语句相配对。

例如：

```
void main( )
{ uchar end,rev_flag;
 if (end == 1)
   rev_flag0=1;
 else
   rev_flag0=0;
}
```

（3）if-else-if 形式

语法结构如下：

```
if(表达式 1)
{
语句组 1；
}
else if (表达式 2)
{
```

```
语句组 2；
}
……
else if (表达式 m)
{
语句组 m；
}
else
{
  语句组 n；
}
```

执行该语句时，依次判断"表达式 i"的值，当"表达式 i"的值为"真"时，执行其对应的"语句组 i"，跳过剩余的 if 语句组，继续执行该语句下面的一个语句。如果所有表达式的值均为"假"，则执行最后一个 else 后的"语句组 n"，然后再继续执行其下面的一个语句，执行过程如图 4-6 所示。

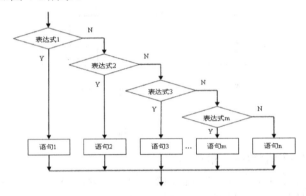

图 4-6 if-else-if 语句执行流程

例如，采用 if-else-if 语句实现汽车转向灯控制，具体仿真电路如图 4-7 所示。其中，P2.0 控制左转灯，P2.1 控制右转灯，P3.0 接左转控制手柄，P3.1 接右转控制手柄。

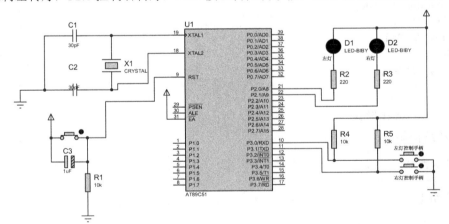

图 4-7 汽车转向灯控制电路

首先，在 Proteus 软件中绘制如图 4-7 所示的汽车转向灯电路图，再编写程序。然后进行编译和仿真，即可实现左转向灯闪烁、右转向灯闪烁和左右两盏灯同时闪烁的情况。具体代码如下：

```
#include<AT89X51.H>
#define LEFT_LED P2_0
#define RIGHT_LED P2_1
#define LEFT_BAR P3_0
#define RIGHT_BAR P3_1
unsigned int a;
void main()
  {
    P2=0XFF;
    while(1)
    {
    if(LEFT_BAR==0&&RIGHT_BAR==0)
    {
    LEFT_LED=0;
    RIGHT_LED=0;
    for(a=5000;a>0;a--);
    }
    else if(LEFT_BAR==0)
    {
    LEFT_LED=0;
    for(a=5000;a>0;a--);
    }
    else if(RIGHT_BAR==0)
    {
    RIGHT_LED=0;
    for(a=5000;a>0;a--);
    }
    else
    {;}
    LEFT_LED=1;
    RIGHT_LED=1;
    for(a=5000;a>0;a--);
    }
}
```

仿真效果如图 4-8 所示，当按下左转控制手柄时，左转灯闪亮；当按下右转控制手柄时，右转灯闪亮；同时按下两个手柄时，左转灯和右转灯同时闪亮；否则，两者都不闪亮。

调试方法：打开 debug，然后选择 Start/Stop Debug Session，再打开 Peripherals 中的"I/O 口里面的 P2 口和 P3 口"。将 P3 口的最低两位置 0，单步运行程序，查看 P2 口的最低两位是否先为 0，再为 1。

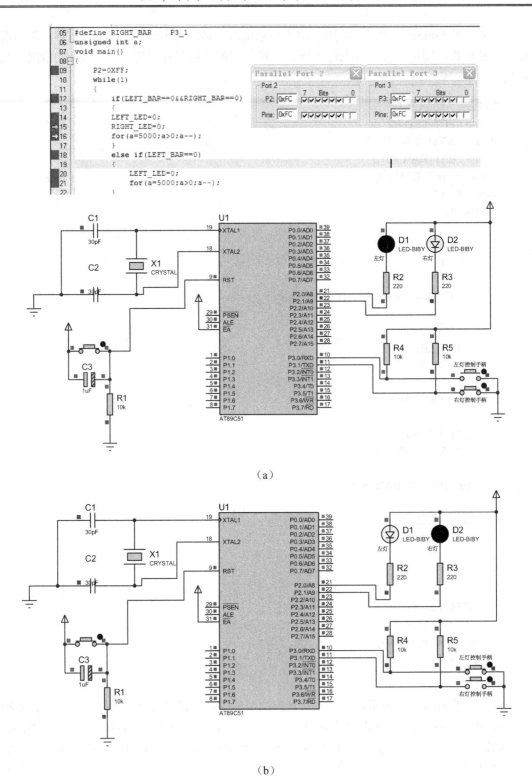

（a）

（b）

图 4-8　仿真效果图

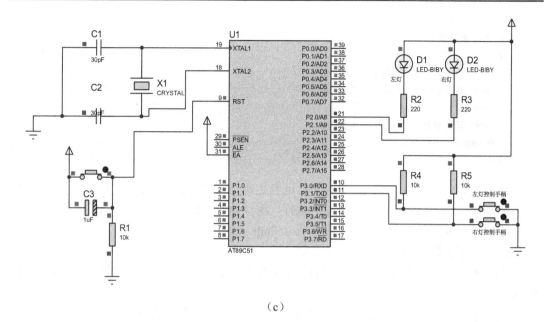

（c）

图 4-8　仿真效果图（续）

（4）if 语句的嵌套

当 if 语句中的语句体又包含一个或多个 if 语句时，称为 if 语句的嵌套。其一般形式如下：

```
if(表达式)
    if(表达式 1)  语句 11
    else   语句 12
else
    if(表达式 2)  语句 21
    else   语句 22
```

注意 if 与 else 的配对关系。C 语言规定：else 部分总是与前面最靠近的还没有配对的 if 配对。例如：

```
if()
    if()  语句 1
else
    语句 2
```

编程者的本意是外层的 if 与 else 配对，缩进的 if 语句为内嵌的 if 语句，但实际上，else 将与缩进的 if 配对，因为两者最近，从而造成错误。为避免这种情况，建议编程时使用大括号将内嵌的 if 语句括起来。

2）switch 语句

if 语句一般用作单一条件或分支较少的情况，如果使用 if 语句编写超过 3 个以上分支的程序，就会降低程序的可读性。C 语言提供了一种用于多分支选择的 switch 语句，一般形式如下：

```
switch（表达式）
  {
   case  常量表达式 1:语句组 1;break;
   case  常量表达式 2:语句组 2;break;
   ……
   case  常量表达式 n:语句组 n;break;
   default:语句组 n+1;
  }
```

当表达式的值与某一个 case 后面的常量表达式相等时，执行此 case 语句后面的语句组，再执行 break 语句，跳出 switch 语句的执行，继续执行下面的语句。如果表达式的值与所有 case 后的常量表达式均不相同，则执行 default 后的语句组。

case 语句使用过程中需注意以下事项：

（1）在 case 后的各常量表达式的值不能相同，否则会出现同一个条件有多种执行方案的问题。

（2）在 case 语句后允许有多个语句，且可以不用"{}"括起来。

（3）case 和 default 语句的先后顺序可以改变，不会影响程序的执行结果。

（4）"case 常量表达式"只相当于一个语句标号，表达式的值和某标号相等，则转向该标号执行。由于在执行完该标号的语句后，不会自动跳出整个 switch 语句，所以需要添加 break 语句，使得执行完该 case 语句后可以跳出整个 switch 语句。

（5）default 语句是在不满足 case 语句情况下的一个默认执行语句。如 default 语句后面是空语句，表示不做任何处理，可以省略。

例如：

```
switch (x)
{ case 1:   y=1;
  case 2:   y=2;
  case 3:   y=0;
}
```

思考：假如 x 的值是 1，y 的值为多少？

3. 循环结构

在结构化程序设计中，循环结构是一种很重要的程序结构，几乎所有的应用程序都包含循环结构。循环结构的作用是：对给定的条件进行判断，当给定的条件成立时，重复执行给定的程序段，直到条件不成立时为止。给定的条件称为循环条件，需要重复执行的程序段称为循环体。

在 C 语言中，可以用下面 3 个语句实现循环程序结构：while 语句、do-while 语句和 for 语句。下面分别对其进行介绍。

（1）while 语句

while 语句的一般形式为：

```
while(表达式)
{ 语句组;                 //循环体
}
```

while 语句循环原理：“表达式”通常是逻辑表达式或关系表达式，为循环条件；“语句组”是循环体，即被重复执行的程序段。该语句的执行过程是：首先计算“表达式”的值，当值为“真”（即非 0）时，执行循环体“语句组”；否则，不执行循环体中的语句组，流程图如图 4-9 所示。

在循环程序设计中，要特别注意循环的边界和循环次数，即循环的“初值”、“终值”和“次数”。例如，下面的程序段是求整数 1～100 的累加和，变量 i 的取值范围为 1～100。所以，“初值”设为 1，while 语句的条件为“i<=100;”，“终值”为 100，“循环次数”为 100。

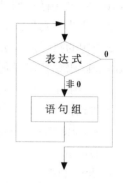

图 4-9　while 语句执行流程图

```
1.   main()
2.   { int i,sum;
3.   i=1;                    //循环控制变量 i 的初始值为 1
4.   sum=0;                  //累加和变量 sum 的初始值为 0
5.   while(i<=100)
6.   { sum=sum+I;            //累加和
7.    i++;                   //自增 1，修改循环控制变量
8.   }
9.   }
```

第 6、7 行是 while 语句循环体中的两个语句，在本段程序中运行了 100 次。

while 语句使用过程中的注意事项如下：

① 使用 while 语句时要注意，当表达式的值为“真”时，执行循环体，循环体执行完一次后，再次回到 while，进行循环条件判断，如果仍然为“真”，则重复执行循环体程序；为“假”，则退出整个 while 循环语句。

② 如果循环条件一开始就为“假”，那么 while 后面的循环体一次都不会执行。

③ 如果循环条件总为真，例如，while(1)，表达式为常量“1”，由于非“0”即为“真”，即循环条件永远成立，所以程序进入无限循环（即死循环）中。在单片机 C 语言程序设计中，无限循环是一个非常有用的语句，在上述程序示例中都使用了该语句。

④ 除非特殊应用的情况，在使用 while 语句进行循环程序设计时，通常循环体包含修改循环条件的语句，以使循环逐渐趋于结束，避免出现死循环。

（2）do-while 语句

while 语句是在执行循环体之前进行循环条件判断，如条件不成立，则该循环语句组不被执行。但是有时需要先执行一次循环体后，再进行循环条件的判断，使用 do-while 语句可以满足这种要求。do-while 语句的一般格式如下：

```
do
{   语句组;          //循环体
} while(表达式);
```

do-while 语句循环原理：先执行循环体"语句组"一次，再计算"表达式"的值，如果"表达式"为"真"（非 0），继续执行循环体"语句组"，直到表达式为"假"（0）为止。do-while 语句的执行流程如图 4-10 所示。

do-while 语句使用过程中的注意事项如下：

① 在使用 if 语句、while 语句时，表达式括号后面都不能加分号";"，但在 do-while 语句的表达式括号后必须加分号";"。

② do-while 语句与 while 语句相比，更适合于处理不论条件是否成立，都需先执行一次循环体的情况。

（3） for 语句

在 C 语言中，当循环次数明确时，使用 for 语句比 while 和 do-while 语句更方便。for 语句的一般格式如下：

```
for(循环变量赋值;循环条件;修改循环变量)
{   语句组;          //循环体
}
```

关键字 for 后面的圆括号内通常包括 3 个表达式：循环变量赋值、循环条件和修改循环变量，3 个表达式之间用";"隔开。花括号内是循环体"语句组"。for 语句的执行流程图如图 4-11 所示。

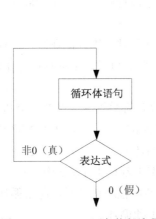

图 4-10   do-while 语句执行流程图

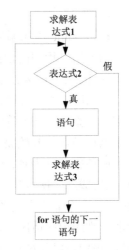

图 4-11   for 语句执行流程图

for 语句循环原理：

① 先执行第 1 个表达式，给循环变量赋值，通常这里是一个赋值表达式。

② 第 2 个表达式判断循环条件是否满足，通常是关系表达式或逻辑表达式，若其值为"真"（非 0），则执行循环体"语句组"一次，再执行步骤③；若其值为"假"（0），则转

到步骤⑤循环结束。

③ 执行第 3 个表达式，修改循环控制变量，一般也是赋值语句。

④ 跳到步骤②继续执行。

⑤ 循环结束，执行 for 语句下面的语句。

例如，用 for 语句求 1～100 累加和。

```
1.  main()
2.  {  int i;
3.      int sum=0;                //定义累加和变量
4.      for(i=1;i<=100;i++)
5.      { sum=sum+i;
6.      }
7.  }
```

上述 for 语句的执行过程为：先给 i 赋值 1，判断 i 是否小于等于 100，若是，则执行循环体语句"sum=sum+i;"一次，然后 i 增加 1，再重新判断，直到 i=101 时，条件"i<=100"不成立，循环结束。

for 语句使用过程中的注意事项如下：

① for 语句括号中第一个";"之前可以进行多个表达式赋初值，各赋值表达式之间用逗号隔开，例如：

```
int sum=0;
for(i=1; i<=100;i++){……}
```

等价于：

```
for(sum=0,i=1;i<=100;i++){……}
```

② for 语句中的 3 个表达式都为可选项，均可以省略，但必须保留";"。如果在 for 语句外已经给循环变量赋了初值，通常可以省去第一个表达式"循环变量赋初值"。例如：

```
int i=1,sum=0;
for( ;i<=100;i++)
{ sum=sum+i;
}
```

如果省略第二个表达式"循环条件"，则不进行循环结束条件的判断，循环将无休止执行下去而成为死循环，这时通常应在循环体中设法结束循环。例如：

```
int i=1,sum=0;
for(i=1; ;i++)
{   if(i>100)break;
    sum=sum+i;
}
```

如果省略第 3 个表达式"修改循环变量"，可在循环体语句组中加入修改循环控制变量的语句，以保证程序能够正常结束。例如：

```
int i=1,sum=0;
for(i=1;i<=100;)
  { sum=sum+i;
    i++;
  }
```

③ while、do-while 和 for 语句都可以用来处理相同的问题，一般可以互相代替。for 语句主要用于给定循环变量初值、循环次数明确的循环结构；那些在循环过程中才能确定循环次数及循环控制条件的问题，用 while 或 do-while 语句更加方便。

1）循环的嵌套

循环嵌套是指一个循环体内（外循环）包含另一个循环（内循环）。内循环的循环体内还可以包含循环，形成多重循环。while、do-while 和 for 这 3 种循环结构可以互相嵌套。

2）在循环体中使用 break 和 continue 语句

（1）break 语句

break 语句通常用在 switch 和循环语句中。在 switch 语句中，当运行 break 语句时，跳出 switch 语句，继续执行其后的语句，具体见 switch 语句相关内容。当 break 语句用于 while、do-while 和 for 循环语句时，不论循环条件是否满足，都可以立即终止整个循环，转而执行后面的语句。break 语句总是与 if 语句一起使用，即满足 if 语句条件时便跳出循环。例如：

```
1.  main()
2.  {   int i=0,sum1,sum;
3.      sum=0;
4.      for(i=0; ;i++)
5.      { if(i>10) break;
6.      sum=sum+i;
7.      }
8.      sum1=sum;
9.  }
```

在上述程序中，第 5 行 if 语句的条件成立，则运行 break 语句，程序出 for 循环体，运行第 8 行语句。

（2）continue 语句

continue 语句的作用是结束本次循环，强行执行下一次循环。它与 break 语句的不同之处在于：

① break 语句是直接结束整个循环语句，而 continue 语句则是结束当前循环体的执行，再次进入循环条件判断，准备继续开始下一次循环体的执行。

② continue 语句只能用在 for、while、do-while 等循环体中，通常与 if 条件语句一起使用，用来加速循环结束。

给出 continue 语句与 break 语句的一般使用格式，其执行过程如图 4-12 所示。

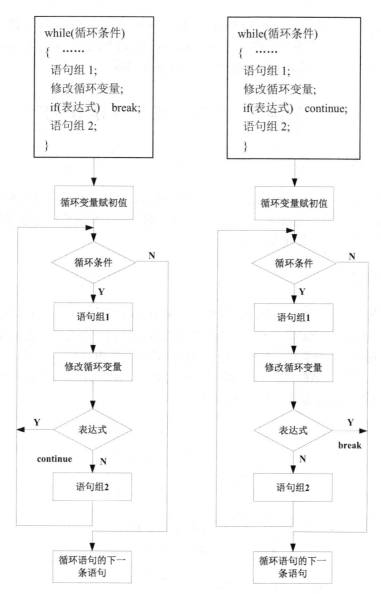

图 4-12 continue 语句和 break 语句执行过程的比较

例如，计算 1～100 之间所有不能被 5 整除的整数之和。

```
1.  main( )
2.  { int i,sum;
3.    sum=0;
4.    for(i=1 ;i<=100;i++)          //for 循环
5.     { if(i%5==0) continue;       //条件成立，执行 continue 语句
6.       sum=sum+i;
7.     }
8.  }
```

程序分析：第4行设置了一个for循环语句，第5行进行if语句判断，若i对5取余运算后结果为0，即i能被5整除，则执行continue语句；若不成立，则跳过continue语句，执行第6行语句。之后再到第4行，进行for循环条件判断。

4.3　任务三　数码管循环显示0~F

4.3.1　需求分析

将AT89S52单片机P2口的P2.0~P2.6这7个引脚，依次连接到一个共阴极LED数码管的a~g共7个位段控制引脚上，数码管的公共端接地，可实现数码管循环显示0~F这16个数字功能。其具体该如何实现呢？

4.3.2　电路设计

按照工作任务要求，数码管显示电路由单片机最小应用系统、一片1位的共阴极LED数码管和一片74LS245驱动芯片构成。74LS245是8路同相三态双向数据总线驱动芯片，具有双向三态功能，既可以输出数据，也可以输入数据，结构如图4-13所示。74LS245的$\overline{CE}$端（即$\overline{G}$端）接地，AB/$\overline{BA}$（即DIR端）接高电平，A0~A6接P2.0~P2.6作为输入，B0~B6接数码管的a~g位段，如图4-14所示。

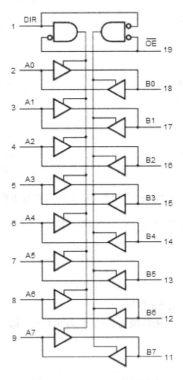

图4-13　74LS245结构图

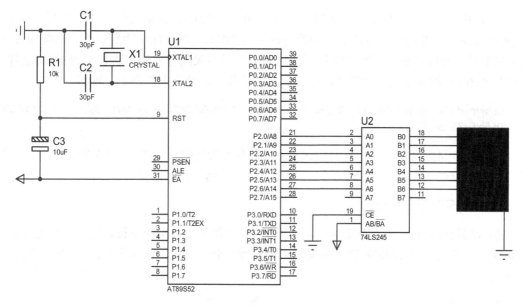

图 4-14　数码管静态显示电路

运行 Proteus 软件，新建"数码管循环显示 0～F"设计文件。按照图 4-14 所示放置元件，具体元件清单如表 4-2 所示。完成数码管循环显示 0～F 电路设计后，进行电气规则检测。

表 4-2　电路元件清单

元器件名称	元器件参数	数　量
单片机	AT89S52	1
晶振	CRYSTAL（12MHz）	1
电容	CAP（30PF）	2
电解电容	CAP-ELEC（10μF）	1
电阻	RES（10K）	1
总线驱动器	74LS245	1
共阴极数码管	7SEG-MPXG-CC	1

4.3.3　软件设计

数码管显示电路设计完成以后，还不能在数码管上显示数字，还需要编写程序控制单片机引脚电平的高低变化来控制数码管，使其内部的不同位段点亮，以显示出需要的字符。

1. 数码管显示功能实现分析

电路图中采用共阴极结构的数码管，其公共端接地，这样就可以通过控制每一个发光二极管的阳极电平使其发光或熄灭。阳极为高电平，则发光；为低电平，则熄灭。相应地也可以在字型编码表中查找到共阴极数码管的 0～F 字符的字型编码，然后通过 P2 口输出。

例如，在 P2 口输出十六进制数 0x3F（二进制 00111111B），在数码管上显示"0"。若 P2口输出 0x7F（二进制 01111111B），则数码管显示"8"，此时，除小数点以外的码段均被点亮。由于显示的数字 0～F 的字型码没有规律可循，只能采用查表的方式来达到要求。这样，按照字符 0～F 的顺序把每个字符的字型码按顺序排好，建立的表格如下所示：

```
unsigned char code table[]={0x3f,0x06,0x5b,0x4f,0x66,0x6d,0x7d,0x07,0x7f,0x6f,0x77,0x7c,0x39,
0x5e,0x79,0x71};
```

这里的表格定义是通过定义数组来完成的，有关数组的知识详见 4.4.5 节的介绍。表格建立好后，只要依次查表得到字型码并输出，即可达到预想的效果。

2．数码管显示程序设计

在数码管显示程序中，K 既用作了循环变量，又用作了数组的下标，其值从 0 变到 15，就能够一一获得数组 table 中的字符编码。每获得一个字型码，就送至 P2 口输出，采用的语句为：

```
P2=table[k];
```

数码管显示控制 C 语言程序如下：

```c
#include "AT89X52.H"        //包含 AT89X52.H 头文件
unsigned char code tab[]={0x3F,0x06,0x5B,0x4F,0x66,0x6D,0x7D,0x07,0x7F,0x6F,0x77,0x7c,0x39,
0x5e,0x79,0x71};
void Delay()                //延时函数
{
  unsigned char i, j;
      for (i=0;i<255;i++)
        for (j=0;j<255;j++);
}
void main()
{
   unsigned char k;
   while(1)
    {
    for(k=0;k<16;k++)
    {
       P2 = tab[k];          //P1.0=0，LED 点亮
       Delay();              //延时
      }
    }
}
```

4.3.4 系统调试和仿真

数码管显示程序设计好以后，打开"数码管显示"Proteus 电路，加载"数码管显示.hex"

文件。进行仿真运行,观察数码管的显示规律是否与设计要求相符。

仿真效果如图 4-15 所示。

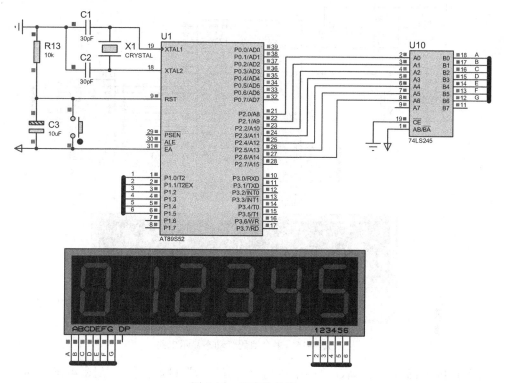

图 4-15　仿真效果图

下面请读者思考:若把共阴极数码管改成共阳极数码管,电路有变化吗?若依然循环点亮 0~F,程序应怎样改写?

4.4　任务四　多个数码管动态扫描显示

4.4.1　需求分析

使用 AT89S52 单片机,由 P0 口输出段码,经由一片 74LS245 驱动输出给由 6 个共阴级 LED 数码管组成的显示器,P1 口输出位码(片选)给 LED 数码管。通过动态扫描程序使 6 个数码管显示"012345"。

4.4.2　电路设计

按照工作任务要求,多个数码管动态显示电路由单片机最小应用系统、6 位数码管和一片 74LS245 驱动芯片构成。P2 口输出显示段码,P2 口的 P2.0~P2.6 通过一片 74LS245 依次接段码口 a~g;P1 口输出位码,P1 口的 P1.0~P1.5 依次接位码口 1~6。多个数码管动态显示电路设计，如图 4-16 所示。

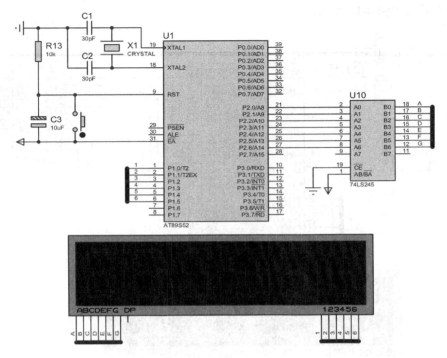

图 4-16   多个数码管动态显示电路

运行 Proteus 软件，新建"多个数码管动态显示"设计文件，按图 4-16 所示放置如下元件，具体的元件清单如表 4-3 所示。完成多个数码管显示电路设计后，进行电气规则检测。

表 4-3   电路元件清单

元器件名称	元器件参数	数 量
单片机	AT89S52	1
晶振	CRYSTAL（12MHz）	1
电容	CAP（30PF）	2
电解电容	CAP-ELEC（10μF）	1
电阻	RES（10K）	2
排阻	RESPACK-7（4.7K-7）	1
按键	Button	1
共阴极数码管	7SEG-COM-ANODE	2

4.4.3   程序设计

1. 多个数码管动态显示功能实现分析

在多位 LED 显示时，为了降低成本和功耗，将所有位的段选控制端并联起来，由一个

8 位端口控制（这里采用 P2 口）；各位数码管的公共端（COM 端）用作"位选端"，由另一个端口进行显示位的控制（这里采用 P1 口）。

由于段选端是公用的，要让各位数码管显示不同的字符，就必须采用扫描方式，即动态扫描显示方式。动态扫描是采用分时的方法轮流点亮各位数码管的显示方式，在某一时段，只让其中一位数码管的"位选端"（COM 端）有效，并送出相应的字型编码。

动态扫描过程如下：首先从段选线上送出字型编码，再控制位选端，字符就显示在指定数码管上，其他位选端无效的数码管都处于熄灭状态，持续 1.5ms 时间，然后关闭所有显示；接下来又送出新的字型编码，按照上述过程又显示在另一位数码管上，直到每一位数码管都扫描完为止，这一过程即为动态扫描显示。数码管其实是轮流依次点亮的，但由于人的视觉驻留效应，因此当每个数码管点亮的时间小到一定程度时，人就感觉不出字符的移动或闪烁，觉得每位数码管都一直在显示，达到一种稳定的视觉效果。

与静态扫描方式相比，当显示位数较多时，采用动态扫描方式可以节省 I/O 端口资源，硬件电路也较为简单；但是稳定度不如静态显示方式。由于 CPU 要轮番扫描，将占用更多的 CPU 时间。

2. 多个数码管动态显示程序设计

多位数码管实现动态显示的 C 语言程序如下：

```
#include <AT89X52.H>
unsigned char code Tab[]={0x3F,0x06,0x5B,0x4F,0x66,0x6D,0x7D,0x07,0x7F,0x6F,0x77,0x7C};
unsigned char code Col[]={0xfe,0xfd,0xfb,0xf7,0xef,0xdf};
void Delay()
 {
  unsigned char i;
  for(i=0;i<250;i++);
 }
void main()                      //同时显示 012345
 {
  unsigned char j;
  while(1)
  {
   for(j=0;j<6;j++)
    {
     P2=Tab[j];
     P1=Col[j];                  //开第一个（共阴）数码管
     Delay();
     P1=0xff;                    //关数码管
      Delay();
     }
  }
}
```

4.4.4　系统调试和仿真

多个数码管动态显示程序设计好以后，打开"多个数码管动态显示"Proteus 电路，加载"多个数码管动态显示.hex"文件，进行仿真运行，观察数码管的显示规律是否与设计要求相符。具体的仿真结果如图 4-17 所示。

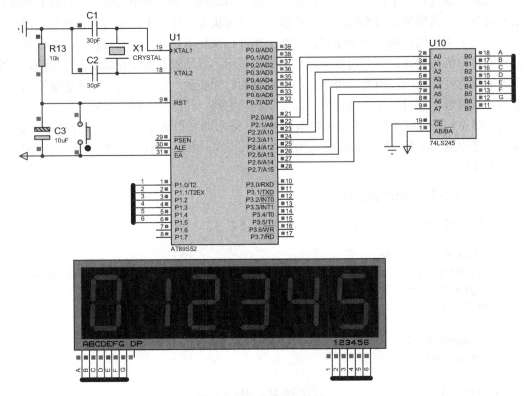

图 4-17　仿真结果效果图

4.4.5　C 语言数组

在上述的数码管动态显示实例中，AT89S52 单片机的 P2 端口的 P2.0～P2.6 连接到一个共阴极数码管的 a～g 的段上，数码管的公共端接地。在数码管上循环显示 0～9 数字的部分代码如下：

```
#include <AT89X52.H>
unsigned char code Tab[ ]={0x3F,0x06,0x5B,0x4F,0x66,0x6D,0x7D,0x07,0x7F,0x6F,0x77,0x7C};
unsigned char code col[ ]={0xfe,0xfd,0xfb,0xf7,0xef,0xdf};
void Delay()
{……}
void main()
{……}
```

在这个程序中用到了数组。

数组是 C51 中的一种构造数据类型，数组必须由具有相同数据类型的元素构成，这些数据的类型就是数组的基本类型。例如，数组中的所有元素都是整型，则该数组称为整型数组；如果所有元素都是字符型，则该数组称为字符型数组。

数组有一维数组、二维数组等，常用的是一维数组、二维数组和字符数组。

1. 一维数组

1）一维数组的定义方式

在 C 语言中，数组必须先定义后使用。一维数组的定义格式如下：

类型说明符　数组名[常量表达式];

类型说明符是指数组中各个数组元素的数据类型；数组名是用户定义的数组标识符；方括号中的常量表达式表示数组元素的个数，也称为数组的长度。

例如：

```
int c[10];           //定义整型数组 c，有 10 个元素，c[0]、c[1]、c[2]、……、c[9]
float a[9],b[10];    //定义实型数组 a，有 9 个元素。定义实型数组 b，有 10 个元素
char ch[20];         //定义字符数组 ch，有 20 个元素
```

定义数组时，应注意以下几点：

（1）数组的类型实际上是指数组元素的取值类型。对于同一个数组，所有元素的数据类型都是相同的。

（2）数组名的书写规则应符合标识符的书写规定。

（3）数组名不能与其他变量名相同。

例如，在下面的程序段中，因为变量 sum 和数组 sum 同名，程序编译时出现错误，无法通过：

```
void main()
{
int sum;
float sum[100];
……
}
```

（4）方括号中常量表达式表示数组元素的个数，如 a[4]表示数组有 4 个元素。数组元素的下标从 0 开始计算，4 个元素分别为 a[0]、a[1]、a[2]、a[3]。

（5）方括号中的常量表达式不可以是变量，但可以是符号常数或常量表达式。

例如，下面的数组定义是合法的：

```
#define SUM 6
main( )
{
int a[SUM],b[5+6];
```

```
......
}
```

但是，下面的定义方式是错误的：

```
main( )
{
int num=9;//定义变量 num
int a[num];
......
}
```

（6）允许在同一个类型说明中，说明多个数组和多个变量，例如：

```
int   a,b,c,d,k1[10],k2[20];
```

2）数组元素

数组元素也是一种变量，其标志方法为数组名后跟一个下标。下标表示该数组元素在数组中的顺序号，只能为整型常量或整型表达式。如为小数时，C 编译器将自动取整。定义数组元素的一般形式为：

```
数组名[下标]
```

例如，tab[7]、b[i++]、sun[i+j]都是合法的数组元素。

在程序中不能一次引用整个数组，只能逐个使用数组元素。例如，数组 b 包括 10 个数组元素，累加 10 个数组元素之和，必须使用下面的循环语句逐个累加各数组元素：

```
int b[10],sum;
sum=0;
for(i=0;i<10;i++)sum=sum+b[i];
```

不能用一个语句累加整个数组，下面的写法是错误的：

```
sum=sum+b;
```

3）数组赋值

给数组赋值的方法有两种：通过赋值语句赋值和初始化赋值。在程序执行过程中，可以用赋值语句对数组元素逐个进行赋值，例如：

```
for(i=0;i<10;i++)
num[i]=i;
```

数组初始化赋值是指在数组定义时给数组元素赋初值，这种赋值方法是在编译阶段进行的，可以减少程序运行时间，提高程序执行效率。初始化赋值的一般形式为：

```
类型说明符  数组名[常量表达式]={值,值,…,值};
```

其中，在"{}"中的各数据值即为相应数组元素的初值，各值之间用逗号间隔开。

例如：

int num[10]={0,1,2,3,4,5,6,7,8,9};

相当于：

num[0]=0;num[1]=1;……;num[9]=9;

数组"int num[10]={0,1,2,3,4,5,6,7,8,9};"也可以写成"int num[ ]={0,1,2,3,4,5,6,7,8,9};"，这里没有指定数组元素的个数，在"{}"中说明的各数据值的个数就是数组中的元素个数，因此数组 num 的元素个数为 10 个。

4）数组的存放

数组元素可以存放在内部 RAM 中，也可以存放在内部 ROM 中。可以用关键字 code 将数组元素定义在 ROM 空间中，否则将默认存放在 RAM 中，例如：

uchar code table[ ]= {0x7F,0xBF,0xDF,0xEF,0xF7,0xFB};

该数组存放在 ROM 中，又如：

int num[10]={0,1,2,3,4,5,6,7,8,9};

该数组存放在 RAM 中。

2．二维数组

（1）定义二维数组的一般形式是：

类型说明符　数组名 [常量表达式 1] [常量表达式 2];

其中"常量表达式 1"表示第一维（行）下标的长度，"常量表达式 2"表示第二维（列）下标的长度。例如：

int table[3][4];

定义了 table 为一个 3 行 4 列的整型数组，该数组的数组元素共 3×4 个。在 C 语言中，二维数组是按行存储的。即先存放第 0 行，再存放第 1 行，最后存放第 2 行。

（2）二维数组元素的引用形式为：

数组名[下标 1][下标 2]

其下标的规定和一维数组下标的规定相同，即一般为整型常量或整型表达式。若为实型变量时，要先进行类型转换。例如：

int table[4][5];

其中，table[3][4]表示 table 数组第 4 行第 5 列的元素。

（3）二维数组初始化与一维数组类似。可以按行分开赋值，也可以按行连续赋值。

① 按行分开给二维数组赋初值。例如：

```
int table[4][3]={(1,2,3),(4,5,6),(7,8,9),(10,11,12)};
```

这种方法是用第一个花括号内的数给第一行元素赋值，用第二个花括号内的数给第二行元素赋值，依此类推。

② 按行连续赋值。例如：

```
int table[4][3]={1,2,3,4,5,6,7,8,9,10,11,12};
```

两种赋初值的效果相同，但是第一种方法比较好，界限清楚、直观；第二种方法如果数据很多，就容易遗漏，不易检查。

3．字符数组

用来存放字符的数组称为字符数组。字符数组的定义、初始化、元素的引用等与前面提到的方法是一样的，这里不再赘述。

C 语言允许用字符串的方式对数组作初始化赋值。例如：

```
char ch[ ]={'c', 'h', 'i', 'n', 'e', 's', 'e', '\0'};
```

可写为：

```
char ch[ ]={"chinese"};
```

或去掉"{ }"，写为：

```
char ch[ ]= "chinese";
```

一个字符串可以用一维数组装入，但数组的元素数目一定要比字符多一个，即字符串结束符"\0"，由 C 编译器自动加上。

4.5　任务五　数码管静态扫描显示——0～99 计数显示

静态显示是指显示驱动电路具有输出锁存功能，待显示的字符编码被 CPU 送出后，数码管会一直显示该字符不变，CPU 不需要再控制数码管。如果要显示新的字符，CPU 只要再次送出即可。这种显示方式的各位数码管相互独立，公共端恒定接地（共阴极）或+5V（共阳极）。每个数码管的 8 个段控制端分别与一个 8 位 I/O 端口相连。I/O 端口只要有字型编码输出，数码管就显示给定字符，并保持不变，直到 I/O 端口输出新的字型编码。接下来的实例就是数码管静态显示的典型应用。

采用静态显示方式，较小的电流就可以获得较高的亮度，且占用 CPU 时间较少，编程简单，显示便于检测和控制，但其占用的 I/O 口线较多，硬件电路复杂，成本高，只适合显示位数较少的情况。

4.5.1　需求分析

利用 AT89S52 单片机制作一个 0～99 计数器。要求使用一个手动计数的按钮实现 0～

99 的计数，并且通过两个共阳极数码管显示计数结果，数码管显示采用静态显示方式。

4.5.2　电路设计

根据工作任务要求，在 AT89S52 单片机的 P1.0 引脚接一个按钮，作为手动计数的按钮，用单片机的 P2.0～P2.6 接一个共阳极数码管，作为 0～99 计数的个位数显示，用单片机的 P0.0～P0.6 接一个共阳数码管，作为 0～99 计数的十位数显示，如图 4-18 所示。运用 Proteus 软件，新建"0～99 计数显示"设计文件。按表 4-4 所列元器件清单放置并编辑电路原理图。完成 0～99 计数显示电路设计后，进行电气规则检测。

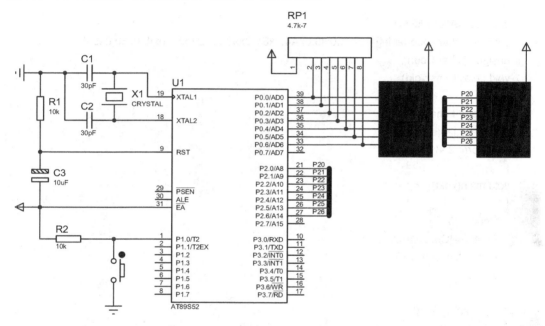

图 4-18　0～99 计数显示电路

表 4-4　电路元件清单

元器件名称	元器件参数	数　量
单片机	AT89S52	1
晶振	CRYSTAL（12MHz）	1
电容	CAP（30PF）	2
电解电容	CAP-ELEC（10μF）	1
电阻	RES（10K）	2
排阻	RESPACK-7（4.7K-7）	1
按键	Button	1
共阴极数码管	7SEG-COM-ANODE	2

设计显示实现分析：

（1）单片机对按键的识别过程的处理。

（2）单片机对正确识别的按键进行计数，计数满时，又从 0 开始计数。

（3）单片机对计数值要进行数码显示，计数值是十进制的，含有十位和个位，要把十位和个位拆开，分别送到对应的数码管上显示。要拆开十位和个位，可以把所计得的数值对 10 求余，即可得到个位数字，对 10 整除，即可得到十位数字。

（4）通过查表方式，分别显示出个位和十位数字。

4.5.3 软件设计

0～99 计数显示 C 语言程序如下：

```c
#include <AT89X52.H>
unsigned char code table[]={0xc0,0xf9,0xA4,0xB0,0x99,0x92,0x82,0xf8,0x80,0x90};
unsigned char Count;
void delay10ms(void)
{
  unsigned char i,j;
  for(i=20;i>0;i--)
      for(j=248;j>0;j--);
}
void main(void)
{
  Count=00;
  P0=table[Count/10];
  P2=table[Count%10];
  while(1)
    {
      if(P1_0==0)
        {
            delay10ms();
            if(P1_0==0)
              {
                Count++;
                if(Count==100)
                  {
                      Count=00;
                  }
                P0=table[Count/10];
                P2=table[Count%10];
                while(P1_0==0);
              }
        }
    }
}
```

4.5.4　系统调试和仿真

0～99 计数器的电路仿真结果如图 4-19 所示。

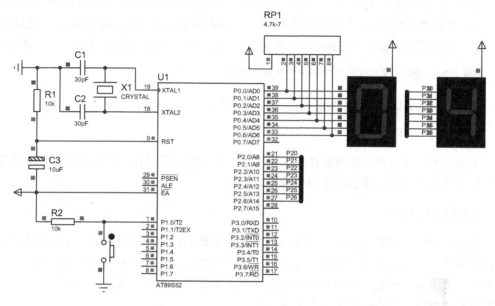

图 4-19　0～99 计数器电路仿真结果

4.5.5　C 语言函数

1. 函数的分类和定义

在 C 语言中，从用户使用的角度看，函数分为标准函数（系统提供的库函数，用户可以直接使用）和用户自定义函数（根据问题需要自己定义，以解决用户的专门问题）。

从函数的形式看，函数分为无参函数和有参函数。从函数的定义形式上分，函数有 3 种形式：无参函数、有参函数和空函数。

函数定义的一般形式如下：

```
函数类型说明符　函数名([形式参数表])
{
函数体
}
```

其中，"函数类型说明符"说明了自定义函数返回值的类型和形式参数表的数据类型一致，均为 C51 的基本数据类型。"函数体"为实现该函数功能的一组语句，并包括在一对花括号"{}"中，方括号"[]"代表可选。函数名后的括号中有形式参数的函数称为有参函数，没有形式参数的函数称为无参函数。

下面针对无参数函数、有参数函数做简要介绍。

（1）无参数函数，即在函数定义、函数声明及函数调用中均不带参数。主调函数和被调函数之间不进行参数传送。此类函数通常可以带返回值或不带返回值，如 clock()和 ledshoew()函数。

（2）有参函数。在函数定义和函数声明时都有参数，此时的参数称为形参。在函数调用时也必须给出参数，此时的参数称为实参。进行函数调用时，主调函数把实参的值传递给形参，供被调函数使用。如延时函数调用时，void delay (unsigned char I)中的 i 就是形参；延时函数被调用时，delay (5)中的 5 就是实参，即将 5 赋给 i。函数定义的具体格式为：

函数类型说明符　函数名(形式参数表){函数体语句}

例如，void delay(unsigned int delay1){……}就是一个有参数函数。

2．函数的调用

函数的调用就是在一个函数体中引用另外一个已经定义的函数，前者称为主调用函数，后者称为被调用函数。函数调用的一般形式如下：

函数名(实参列表);

其中，实参是有确定值的变量或表达式，各参数间需要用逗号分开。定义函数时，写在函数名括号中的称为形式参数，而在实际调用函数时写在函数括号中的称为实际参数。对于有参数类型的函数，若实际参数列表中有多个实参，则各参数之间用逗号隔开。实参与形参顺序对应，个数应相等，类型应一致。

1）说明

（1）若为无参数调用，则调用时函数名后的括号不能省略。

（2）函数间可以相互调用，但不能调用 main()函数。

例如程序段：

```
void mDelay(unsigned int Delay)
{……
    for(;Delay>0;Delay--)
    ……
}
```

函数中的 Delay 就是一个形式参数，在主函数中调用时的"mDelay(1000);"，其中 1000就是一个实际参数，在执行函数时该值被传递到函数内部执行。

2）函数的 3 种调用方式

在 C 语言中，按函数调用在主调函数中出现的位置，可以将函数调用分为 3 种方式。

（1）函数语句，即把函数调用作为主调函数的一条语句，格式为"函数名();"，例如：

```
delay10ms();
```

（2）函数表达式，即函数出现在一个表达式中。此时要求函数返回一个确定的值，以参加表达式运算，例如：

```
result1=3*max(a,b);
```

（3）函数参数，即被调函数作为函数的实参存在。例如：

```
result=max(max(a,b),c);
```

3）函数调用的必备条件

（1）被调函数必须是已经存在的函数，否则就会出现语法错误，因此一般要求在程序的开头对程序中用到的函数进行统一的说明，然后再分别定义有关函数。

（2）如果使用库函数，一般还需在文件开头用#include命令将调用库函数所需的有关信息包含到本文件中。例如：

```
#include<AT89X51.H>
```

（3）如果使用用户自定义的函数，且该函数与调用它的函数（主调函数）在同一个文件中，一般应在主调函数中对被调函数作声明，除非被调函数的定义在主调函数之前。如果不是在本文件中定义的函数，那么在程序开始要用extern修饰符进行函数原型说明。

3．函数的返回值

在C语言中，一般使用return语句由被调函数向主调函数返回值，该语句有下列用途：
（1）能立即从所在的函数中退出，返回到调用它的程序中。
（2）返回一个值给调用它的函数。
返回语句一般有如下形式：

```
return;或 return 表达式;或 return(表达式);
```

函数可以返回一个值，也可以什么值也不返回，如果函数要返回一个值，在定义函数时要定义好这个值的数据类型；如果在定义函数时没有定义返回值的类型，系统会默认返回一个int类型的值。如果明确地知道一个函数没有返回值，可以将其定义为void型，这样，如果在调用函数时错误地使用"变量名=函数名"方式来调用函数，编译器就能发现这一错误并指出。

4.6 任务六 七段字型译码器74LS47的应用

4.6.1 认识74LS47

74LS47是由与非门、输入缓冲器和7个与或非门组成的BCD-7段数码管译码器/驱动器，是输出低电平有效的七段字形译码器，如图4-20所示，能将4位二进制编码——十进制数（BCD码）转化成七段字形码，然后去驱动一个七段显示器。也就是说，74LS47可以直接把数字转换为数码管的显示数字，从而可以简化程序,节约单片机的I/O开销。

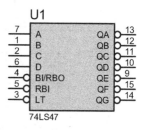

图 4-20 74LS47 逻辑图

4.6.2　74LS47 引脚功能

1．输入/输出引脚

4 位二进制编码——十进制数（BCD 码）从 A、B、C 和 D 引脚输入，译码成七段字型码，从 QA、QB、QC、QD、QE、QF 和 QG 引脚输出。74LS47 的输出与输入代码有唯一的对应关系，74LS47 是输出低电平有效的七段字型译码器。

在正常操作时，当输入 DCBA=0010 时，则输出 abcdefg=0010010，故使显示器显示 2；当输入 DCBA=0110 时，输出 abcdefg=1100000，显示器显示 6。

2．控制引脚

74LS47 中有 LT、RBI 与 BI/RBO 控制引脚，其功能分别如下。

（1）LT：试灯输入，是为了检查数码管各段是否能正常发光而设置的。当 LT=0 时，无论输入 A、B、C、D 为何种状态，译码器输出均为低电平，若驱动的数码管正常，显示 8。

（2）BI：灭灯输入，是为控制多位数码管显示的灭灯所设置的。BI=0 时，不论 LT 和输入 A、B、C、D 为何种状态，译码器输出均为高电平，使共阳极七段数码管熄灭。

（3）RBI：灭零输入，是为使不希望显示的 0 熄灭而设定的。当每一位 A=B=C=D=0 时，本应显示 0，但是在 RBI=0 的作用下，使译码器输出全为 1。其结果和加入灭灯信号的结果一样，将 0 熄灭。

（4）RBO：灭零输出，它和灭灯输入 BI 共用一端，两者配合使用，可以实现多位数码显示的灭零控制。

4.6.3　应用 74LS47 实现 0～20 计数显示

1．电路设计

显示电路采用硬件译码输出字型码控制显示内容，数码管采用共阳极的，七段字型译码器用的是 74LS47。LT、RBI 与 BI/RBO 为无效，全部接高电平。电路设计如图 4-21 所示。

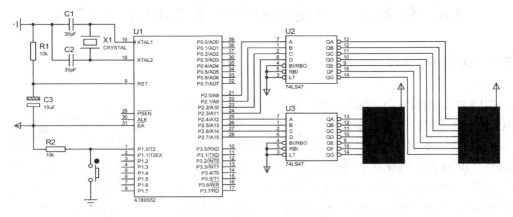

图 4-21　用 74LS47 实现 0～20 计数显示电路

2. 软件设计

本程序代码如下：

```c
#include <AT89X52.H>
unsigned char Count;
void delay10ms(void)
{
  unsigned char i,j;
  for(i=20;i>0;i--)
     for(j=248;j>0;j--);
}
void main(void)
{
  Count=0;
  P2=0x0;
  while(1)
    {
      if(P1_0==0)
       {
          delay10ms();
          if(P1_0==0)
            {
               Count++;
               if(Count==20)
                 {
                    Count=0;
                 }

               P2=(Count/10<<4)|(Count%10);
               while(P1_0==0);
            }
       }
    }
}
```

关键知识点小结

1. 数码管

数码管可以分为共阴极和共阳极两种结构。数码管内部没有电阻，在使用时需外接限流电阻。要使数码管上显示某个字符，必须使它的 8 位段选线上加上相应的电平组合，即一个 8 位数据，这个数据称为该字符的字符编码。

单个数码管可以采用静态显示；多位数码管显示有静态扫描显示和动态扫描显示两种方法。当显示位数较多时，采用动态扫描方式可以节省 I/O 端口资源，硬件电路也较简单，但其稳定度不如静态显示方式，并且由于 CPU 要轮番扫描，占用的 CPU 时间也会更多。若显示位数较少，采用静态扫描显示方式更加简洁。

2．选择结构程序控制语句

（1）if 语句。用 if 语句可构成分支结构。分支结构又称为选择结构，体现了程序的判断能力。这种结构根据程序的判断结果来确定某些操作是否执行，或者从多个操作中选择总是与它上面的最近的 if 配对。

（2）switch 语句。当程序中有多个分支时，可以使用 if 嵌套来实现；但是当分支较多时，由于嵌套的 if 语句层较多，程序冗长而且可读性降低。C 语言提供的 switch 语句可以直接处理多分支选择。执行完一个 case 后面的语句后，并不会自动跳出 switch，而是转而去执行其后面的语句，通常在每一段 case 的结束处加入"break;"语句，使程序退出 switch 结构，即终止 switch 语句的执行。

3．循环结构程序控制语句

C 语言中的循环控制语句有 3 种：while 语句、do-while 语句和 for 语句。其中，for 语句使用最为灵活，for 语句的典型应用形式如下：

```
for(循环变量初值;循环条件;循环变量增值)语句
```

4．数组

数组必须由具有相同数据类型的元素构成，这些数据的类型就是数组的基本类型。数组必须先定义，后使用。常见的数组是一维数组、二维数组和字符数组。

5．函数

C 语言程序是由一个个函数构成的，一个 C 语言源程序至少包含一个函数，一个源程序中有且仅有一个主函数 main()。C 语言总是从 main()函数开始执行。从函数定义的形式上划分，函数有 3 种形式：无参数函数、有参数函数和空函数。

课 后 习 题

1．LED 数码管有几种显示方式？
2．LED 数码管有哪两种结构？是如何实现的？
3．简要说明 LED 数码管静态显示和动态显示的特点，在实际设计中该如何选择？
4．动态显示的过程是什么？
5．在共阴极数码管显示的电路中，如果直接将共阳极数码管换成共阴极数码管能否正常显示？为什么？应采取什么措施？

项目五 键盘的设计与实现

键盘是计算机系统与单片机系统中进行人机交互的必备设备，由一组有规律的按键组成。组成键盘的按键是开关中的一种类型，也称按钮开关。键盘设计的好坏直接影响到用户的使用是否能高效、便利。在实际的使用过程中，要了解键盘的分类及其工作原理，以便设计出适合不同系统的键盘。

用于单片机系统的键盘主要功能是能够进行数据与命令的输入，控制单片机按照要求工作。

在本项目中，通过完成4个任务详细介绍了键盘及其设计与实现的技巧。

- 📖 任务一 认识键盘
- 📖 任务二 独立式键盘设计与实现
- 📖 任务三 矩阵式键盘设计与实现
- 📖 任务四 51单片机的中断系统与中断方式的矩阵键盘

5.1 任务一 认识键盘

独立式键盘中的每一按键都需要占用一个I/O口，主要用于不需要太多的按键的系统，由于独立式键盘系统编程简单，在某些系统会使用到。

本任务主要通过设计实现独立式键盘，使读者掌握独立式键盘的软硬件设计的方法。

5.1.1 键盘分类

1. 按键按照结构原理可分为触点式开关按键和无触点式开关按键两类

（1）触点式开关按键，如机械式开关、导电橡胶式开关等。

（2）无触点式开关按键，如电气式按键、磁感应按键等。前者造价低，后者寿命长。目前，单片机应用系统中最常见的是触点式开关按键。

2. 按键按照接口原理可分为编码键盘与非编码键盘两类

这两类键盘的主要区别是识别键符及给出相应键码的方法。编码键盘主要是用硬件来实现对键的识别，非编码键盘主要是由软件来实现键盘的定义与识别。

（1）全编码键盘

全编码键盘能够由硬件逻辑自动提供与键对应的编码，一般具有去抖动和多键、串键保护电路。这种键盘使用方便，但需要较多的硬件，价格较贵，一般的单片机应用系统较少采用。

（2）非编码键盘

非编码键盘只简单地提供行和列的矩阵，其他工作均由软件完成。由于其经济实用，较多地应用于单片机系统中。

3. 按照按键的组合方式分为独立式键盘和矩阵式键盘两类

（1）独立式键盘

独立式键盘采用独立式按键组成，独立式按键是直接用 I/O 口线构成的单个按键电路，其特点是每个按键单独占用一根 I/O 口线，每个按键的工作不会影响其他 I/O 口线的状态。独立式按键电路配置灵活，软件结构简单，但每个按键必须占用一根 I/O 口线，因此，在按键较多时，I/O 口线浪费较大，不宜采用。

（2）矩阵式键盘

矩阵式键盘也称行列式，主要用于单片机系统需要使用按键较多时采用。其结构和原理将在 5.3 节具体介绍。

5.1.2　键盘工作原理

在单片机应用系统中，除了复位按键有专门的复位电路及专一的复位功能外，其他按键都是以开关状态来设置控制功能或输入数据的。当所设置的功能键或数字键被按下时，单片机应用系统应完成该按键所设定的功能，键信息输入是与软件结构密切相关的过程。

对于一组键或一个键盘，总有一个接口电路与单片机相连。单片机可以采用查询或中断方式了解有无将键输入，并检查是哪一个键按下，将该键值送入 CPU 进行处理，执行该键所对应的功能程序，执行完功能程序后再返回主程序继续运行。

1. 键盘结构与特点

键盘通常使用机械触点式按键开关，其主要功能是把机械上的通断转换成为电气上的逻辑关系。也就是说，它能提供标准的 TTL 逻辑电平，以便与通用数字系统的逻辑电平兼容。

2. 按键编码

一组按键或键盘都要通过 I/O 口线查询按键的开关状态。根据键盘结构的不同，采用不同的编码。无论有无编码，以及采用什么编码，最后都要转换成与累加器中数值相对应的键值，以实现按键功能程序的跳转。

3. 编制键盘程序

一个完善的键盘控制程序应具备以下功能：

（1）检测有无按键按下，并采取硬件或软件措施，消除键盘按键机械触点抖动的影响。

（2）有可靠的逻辑处理办法。每次只处理一个按键，其间对任何按键的操作对系统不产生影响，且无论一次按键时间有多长，系统仅执行一次按键功能程序。

（3）准确输出按键值（或键号），以满足程序跳转指令要求。

4．键盘的工作方式

对键盘的响应取决于键盘的工作方式，键盘的工作方式应根据实际应用系统中 CPU 的工作状况而定，其选取的原则是既要保证 CPU 能及时响应按键操作，又不要过多占用 CPU 的工作时间。通常键盘的工作方式有 3 种，即编程扫描、定时扫描和中断扫描。

1）编程扫描方式

编程扫描方式是利用 CPU 完成其他工作的空余时间，调用键盘扫描子程序来响应键盘输入的要求。在执行键功能程序时，CPU 不再响应键输入要求，直到 CPU 重新扫描键盘为止。

键盘扫描程序一般应包括以下内容：

（1）判别有无键按下。

（2）键盘扫描取得闭合键的行、列值。

（3）用计算法或查表法得到键值。

（4）判断闭合键是否释放，如果没释放则继续等待。

（5）将闭合键键号保存，同时转去执行该闭合键的功能。

2）定时扫描方式

定时扫描方式就是每隔一段时间对键盘扫描一次，该方式利用单片机内部的定时器产生一定时间（例如 10ms）的定时，当定时时间到就产生定时器溢出中断，CPU 响应中断后对键盘进行扫描，并在有键按下时识别出该键，再执行该键的功能程序。定时扫描方式的程序流程如下：

（1）定时扫描实际上是通过定时器中断来实现处理的，为处理方便，一般在单片机中设置了两个标志位，第一个为消除抖动标志 F1，第二个为键处理标志 F2。

（2）当无键按下时，F1、F2 都置为 0，由于定时开始时一般不会有键按下，故 F1、F2 初始化为 0，当键盘上有键按下时先检查消除抖动标志 F1，如果 F1=0，表示还未消除抖动，这时把 F1 置为 1，直接中断返回，因为中断返回后 10ms 才能再次中断，相当于实现了 10ms 的延时，从而实现了消抖。

（3）当再次定时中断时，如果 F1=1，则说明抖动已消除，再检查 F2，如果 F2=0，则扫描识别键位，求出该键位的编码，并将 F2 置 1 返回；如果检查到 F2=1，说明当前按键已经处理了，则直接返回。

在程序处理上，前面的定时器中断服务程序是对两个标志位的检查，后面的键盘扫描子程序与采用编程扫描方式相同。

3）中断扫描方式

采用前两种键盘扫描方式时，无论是否按键，CPU 都要定时扫描键盘，而单片机应用系统工作时，并非经常需要键盘输入，因此，CPU 经常处于空扫描状态，为提高 CPU 工作效率，可采用中断扫描工作方式。其工作过程如下：当无键按下时，CPU 处理自己的工作，当有键按下时产生中断请求，CPU 转去执行键盘扫描子程序，并识别键号。

5.1.3 键盘防抖动措施

机械式按键在按下或释放时，由于机械弹性作用的影响，通常伴随有一定时间的触点机械抖动，然后其触点才稳定下来。其抖动过程如图 5-1 所示，抖动时间的长短与开关的机械特性有关，一般为 5～10ms。

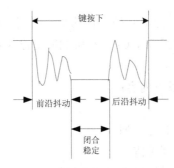

图 5-1　按键触点的机械抖动

在触点抖动期间检测按键的通与断状态，可能导致判断出错，即按键一次按下或释放被错误地认为是多次操作，这种情况是不允许出现的。为了克服按键触点机械抖动所致的检测误判，必须采取去抖动措施。这一点可从硬件、软件两方面予以考虑。在键数较少时，可用硬件去抖，而当键数较多时，采用软件去抖。

1. 硬件去抖

在硬件上可采用在键输出端加 R-S 触发器（双稳态触发器）或单稳态触发器构成去抖动电路。如图 5-2 所示是一种由 R-S 触发器构成的去抖动电路，当触发器一旦翻转，触点抖动不会对其产生任何影响。

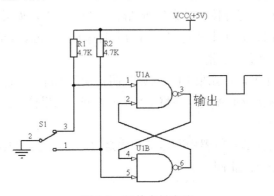

图 5-2　硬件去抖电路

电路工作过程如下：按键未按下时，a=0，b=1，输出 Q=1，按键按下时，因按键机械弹性作用的影响，使按键产生抖动，当开关没有稳定到达 b 端时，因与非门 2 输出为 0 反馈到与非门 1 的输入端，封锁了与非门 1，双稳态电路的状态不会改变，输出保持为 1，输出 Q 不会产生抖动的波形。当开关稳定到达 b 端时，因 a=1，b=0，使 Q=0，双稳态电路状态发生翻转。当释放按键，开关未稳定到达 a 端时，因 Q=0，封锁了与非门 2，双稳态电路的状态不变，输出 Q 保持不变消除了后沿抖动波形。当开关稳定到达 b 端时，因 a=0，b=0，使得 Q=1，双稳态电路状态发生翻转，输出 Q 重新返回原状态。因此可见，键盘输出经双稳态电路之后，输出已变为规范的矩形方波。

2. 软件去抖

软件上采取的措施是：在检测到有按键按下时，执行一个 10 ms 左右（具体时间应视所使用的按键进行调整）的延时程序后，再确认该键电平是否仍保持闭合状态电平，若仍保持闭合状态电平，则确认该键处于闭合状态，确定按键被按下的流程如图 5-3 所示。同理，在检测到该键释放后，也应采用相同的步骤进行确认，从而可消除抖动的影响。

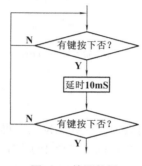

图 5-3　检测按键

5.2　任务二　独立式键盘设计与实现

5.2.1　需求分析

要求使用 AT89S52 单片机设计一个具有 8 个按键的独立式键盘，每个按键控制一个发光二极管的亮和灭。当无键盘按下时，发光二极管的灯全部处于熄灭状态；当只有一个键被按下时，其所对应的发光二极管处于点亮状态，若有两个或者两个以上的键同时按下，所有发光二极管也应处于熄灭状态。

5.2.2　电路设计

根据任务要求，独立式键盘由单片机最小应用系统、8 个按键电路和 8 个 LED 电路构成。独立式键盘电路如图 5-4 所示。由图可知查询式按键是直接用 I/O 口线构成的单个按键电路，其特点是每个按键独立占用一根 I/O 口线，每个按键的工作不会影响其他 I/O 口线的状态。

图 5-4 中，上拉电阻保证了按键断开时，I/O 线有确定的高电平。

运行 Proteus 软件，新建"独立式键盘"设计文件。按照图 5-4 所示放置并编辑 AT89S52、CRYSTAL、CAP、CAP-ELEC、RES、LED-RED 和 BUTTON 等元器件。完成独立式键盘电路设计后，进行电气规则检查。

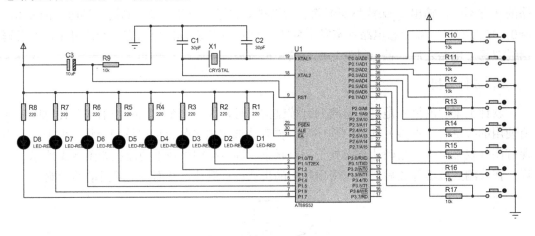

图 5-4　独立式键盘电路

5.2.3　软件设计

独立式键盘程序设计一般采用查询方式。逐位查询每个 I/O 端口的输入状态，如果检测到某个 I/O 端口的输入为电平，则可以判定该 I/O 端口所对应的按键被按下，再转向该键的功能处理程序。本电路的每一个按键与 P0 口的一个引脚相连，另一端接地，当无键按下时，P0 的 8 个 I/O 口均通过电阻接高电平，信息显示为 1；如果有按键按下，将使对应的 I/O 口通过该按键接地，信息显示为 0。因此，单片机的 CPU 通过检测 P0 的 8 个 I/O 口线的哪个是 0 就可以确定是否有键按下，并能够识别是哪一个键被按下。不过这里判断一个键盘确实是否按下还要注意键盘的去抖问题，这个问题后面将予以介绍。

当 CPU 识别了按下的键后，就可以通过 P1 口的输出点亮对应的发光二极管。由于发光二极管的阳极接的是高电平，所以，当对应的端口输出 0 时（即发光二极管阴极接入了低电平），发光二极管被点亮，反之，发光二极管熄灭。由于要求不允许两个或者两个以上按键按下时有灯被点亮，因此软件用 switch 语句来实现。

独立式键盘参考程序如下：

```
#include <AT89X52.H>          //包含 AT89X52.H 头文件
void delay10ms(void)          //10ms 延时子程序
{
    unsigned char i,j;
    for(i=20;i>0;i--)
        for(j=248;j>0;j--);
}
void main()                   //主函数
{
    unsigned char x;
    P0=0xff;                  //P0 口作为输出口，置全 1
    x=0;
```

```
    while(1)
    {
      while(x==0)                        //循环判断是否有键按下
      {
          x=P0;                          //读键盘状态
          x=~x;                          //键盘状态取反
      }
      delay10ms();                       //延时 10ms 去抖动
      x=P0;                              //再次读键盘状态
      x=~x;                              //键盘状态取反
      if(x==0) continue;                 //如果无键按下则认为是按键抖动, 重新扫描键盘
      switch(x)                          //根据键值点亮对应的发光二极管
      {
        case 0x01: P1=0xfe; break;       //点亮第 1 个发光二极管
        case 0x02: P1=0xfd; break;       //点亮第 2 个发光二极管
        case 0x04: P1=0xfb; break;       //点亮第 3 个发光二极管
        case 0x08: P1=0xf7; break;       //点亮第 4 个发光二极管
        case 0x10: P1=0xef; break;       //点亮第 5 个发光二极管
        case 0x20: P1=0xdf; break;       //点亮第 6 个发光二极管
        case 0x40: P1=0xbf; break;       //点亮第 7 个发光二极管
        case 0x80: P1=0x7f; break;       //点亮第 8 个发光二极管
        default: break;
      }
    }
}
```

5.2.4　系统调试和仿真

独立式键盘电路程序设计好以后，打开"独立式键盘"Proteus 电路，加载程序编译后生成的"独立式键盘.hex"文件。进行仿真运行，按下 P0.7 口所对应的按键后，该按键所对应的发光二极管变亮，其他灯熄灭，如图 5-5 所示。

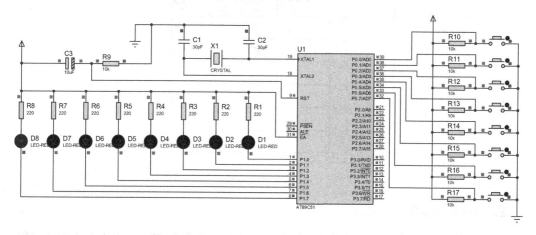

图 5-5　独立式键盘电路仿真结果

5.3 任务三 矩阵式键盘设计与实现

在单片机的应用系统中，由于单片机的 I/O 有限，在需要使用的按键较多的情况下，独立式键盘无法满足系统的应用。而采用矩阵式键盘能够有效地减少 I/O 口的使用数量，因而矩阵键盘运用较为广泛。

本任务主要通过介绍矩阵式键盘的结构与原理以及设计实现矩阵式键盘，使读者掌握矩阵式键盘的软硬件设计的方法。

5.3.1 矩阵式键盘结构与原理

1. 矩阵式键盘的结构

矩阵式键盘由行线和列线组成，按键位于行、列线的交叉点上。如图 5-6 所示，这是一个 4×4 的行、列结构，可以构成一个含有 16 个按键的矩阵式键盘，显然，在按键数量较多时，矩阵式键盘较之独立式按键键盘要节省很多 I/O 口。在矩阵式键盘中，行、列线分别连接到按键开关的两端，列线通过上拉电阻接到+5V 的电源上。当无键按下时，列线处于高电平状态；当有键按下时，行、列线将导通，此时，列线电平将由与此行线相连的行线电平决定。这是识别按键是否按下的关键。然而，矩阵键盘中的行线、列线和多个键相连，各按键按下与否均影响该键所在行线和列线的电平，各按键间将相互影响，因此，必须将行线、列线信号配合起来作适当处理，才能确定闭合键的位置。

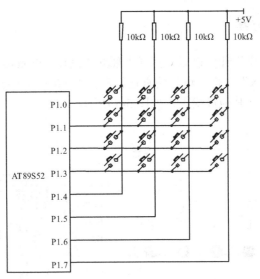

图 5-6 矩阵式键盘的结构

2. 判断按键被按下的方法

向所有的行输出低电平，然后读列线的电平状态。若无键按下，则所有的列线将保持高电平状态；若有键按下，则列线至少应有一条线为低电平。如图 5-6 所示，当第 3 行与第 3 列交叉点的键被按下时，则第 3 行与第 3 列导通，列线在无键按下时处在高电平。CPU 根据列线电平的变化，便能判定相应的列有键按下，这里只能确定第 3 列上有键按下，不能确定是否是第 3 行的键按下，因此具体判断是哪个键按下还要进行按键的识别。

3．矩阵式键盘按键的识别

识别按键的方法很多，其中最常见的方法是扫描法。下面以图 5-6 中第 3 行与第 3 列交叉点的键为例来说明扫描法识别按键的过程。

（1）先送第 0 行为低电平，其他行为高电平，由读入的所有列的状态可以知道第 0 行的 4 个键是否被按下，如果读入的列全为高电平，说明无键按下，否则可以根据读出的列的值判断出是这一行的哪一列。由于假定是第 3 行第 3 列交叉的按键被按下，显然此时检测列的全为高电平。

（2）再送第 1 行为低电平，其他行为高电平，由读入的所有列的状态判断出此行的键是否被按下，依此类推，很显然当第 3 行为低电平，其他行为高电平，读入此时所有列的电平，可知只有第 3 列会变为高电平，CPU 依此可以判断出第 3 行与第 3 列交叉点的键被按下。最后送第 4 行为低电平，其他行为高电平，此行和所有列判断完后，再从第 0 行开始，依次循环。

4．矩阵键盘的编码

对于独立式按键键盘，因按键数量少，可根据实际需要灵活编码。对于矩阵式键盘，按键的位置由行号和列号唯一确定，因此可分别对行号和列号进行二进制编码，然后将两值合成一个字节，如图 5-6 所示高 4 位是列号，低 4 位是行号。显然第 3 行与第 3 列的按键所对应的编码位于第 3 行第 3 列，因此，其键盘编码应为 33H 。采用上述编码对于不同行的键离散性较大，不利于散转指令对按键进行处理。因此，可采用依次排列键号的方式进行编码。以图中的 4×4 键盘为例，可将键号编码为：01H、02H、03H……0EH、0FH、10H 共 16 个键号。编码相互转换可通过计算或查表的方法实现。

5.3.2　矩阵式键盘设计与实现

1．需求分析

要求使用 AT89S52 单片机，设计一个 4×4 矩阵键盘，16 个键分别对应 0～9、A～F，有键按下时，数码管显示被按下键所对应的字符；无键盘按下时，数码管无显示。

2．电路设计

根据任务要求，矩阵式键盘电路由单片机最小应用系统、4×4 矩阵键盘电路和一个共阴极的 LED 数码管电路构成。矩阵式键盘电路如图 5-7 所示。P0 口的 P0.0～P0.3 接 4×4 矩阵键盘的各行，P0.4～P0.7 接 4×4 矩阵键盘的各列，P1.0～P0.7 通过 74LS245 接数码管的段选端。

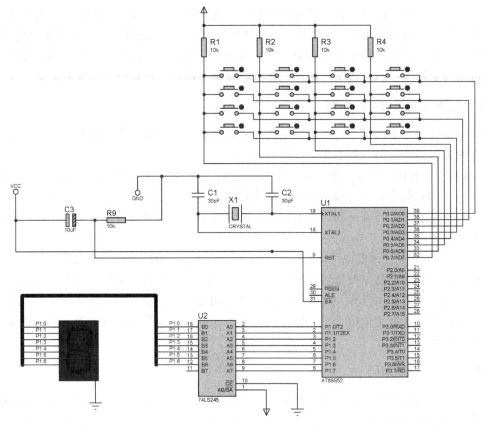

图 5-7　矩阵式键盘电路

运行 Proteus 软件，新建"矩阵式键盘电路"设计文件。按照图 5-7 所示放置并编辑 AT89S52、CRYSTAL、CAP、CAP-ELEC、RES、74LS245、7SEG-COM-CATHODE 和 BUTTON 等元器件。完成矩阵式键盘电路设计后，进行电气规则检查。

3. 软件设计

1）矩阵式键盘扫描程序的实现

按照工作任务要求，本次采用的键盘扫描程序的具体内容如下。

（1）判断有按键。方法：P0.4～P0.7 输出为 0，然后读 P0 口，若低 4 位 P0.0～P0.3 全为 1，则键盘上没有键按下；若 P0.0～P0.3 不为 1，则有键按下。

（2）去按键的抖动。方法：若判断出有键按下后，延迟一段时间后再判断键盘的状态，若判断有键按下，则可以确认是有键按下，否则认为是按键抖动。

（3）求按键的键值。方法：对键盘的列线进行扫描，P0.4～P0.7 依次循环输出 1110、1101、1011 和 0111，相应地读取 P0 口的值，若读出的值中低 4 位全为 1，则判断出该列上没有按键按下；否则，该列上有按键按下，并由此确定按下的键的行号和列号，计算出按下的键的键值。例如，P0.4～P0.7 输出 1101 时，P0 口的低 4 位读取的值为 1011，不全为 1，即可判定第 2 行和第 1 列的交叉点键被按下。该键的键值=2×4+1=9。按照相同的方法可以计算出其他键的键值。

（4）判断闭合的键是否释放。按键的闭合一次只能进行一次功能操作，因此，要等按键释放后才能根据键号执行相应功能的操作。

2）矩阵式键盘程序的设计

（1）定义字型码表和 10ms 延迟程序设计。4×4 矩阵键盘的 16 个键分别对应 0～9、A～F 这 16 个字符，由于数码管的显示使用共阴极 LED 数码管，所以字型码采用共阴极的字型码。

参考程序如下：

```
#include <AT89X52.H>                              //包含 AT89X52.H 头文件
//定义 0～9、A～F 这 16 个字符的字型码表
unsigned char table[]={0x3F,0x06,0x5B,0x4F,0x66,0x6D,0x7D,0x07,
0x7F,0x6F,0x77,0x7C,0x39,0x5E,0x79,0x71};        //10ms 延时程序
void delay10ms(void)
{
unsigned char i,j;
  for(i=20;i>0;i--)
    for(j=248;j>0;j--);
}
```

（2）矩阵式键盘扫描子程序的设计。

```
unsigned char scan_key(void)                      //键盘扫描子程序
{
  unsigned char n,scan,col,rol,tmp;
  bit flag=0;                                     //设有键按下标志位
  scan=0xef;
  P0=0x0f;                                        //P0 口低 4 位作输入口，先输出全 1
  for(n=0;n<4;n++)                                //循环扫描 4 列，从 0 列开始
  {
    P0=scan;                                      //逐列送出低电平
    tmp=~P0;                                      //读行值，并取反
    tmp=tmp&0x0f;
    col=n;                                        //保存列号到 col
    flag=1;
    //判断哪一行有键按下，并保存行号到 rol
    if(tmp==0x01)
      { rol=0; break;}                            //第 0 行有键按下
    else if(tmp==0x02)
      { rol=1; break;}                            //第 1 行有键按下
    else if(tmp==0x04)
      { rol=2; break;}                            //第 2 行有键按下
    else if(tmp==0x08)
      { rol=3; break;}                            //第 3 行有键按下
```

```
      else
         flag=0;
      scan=(scan<<1)+1;
   }
   if(flag==0)
      return -1;
   else
      return(rol*4+col);
}
```

（3）矩阵式键盘主程序的设计。4×4 矩阵键盘的各行接 P0 口的 P0.0～P0.3，矩阵键盘的各列接 P0 口的 P0.4～P0.7，P1 口的 P1.0～P1.7 接数码管的段码的引脚。具体程序如下：

```
void main()
{
   char k=0;
   unsigned char tmp,key;
   P1=0x00;
   P0=0x0f;                        // P0 口低 4 位作输入口，先输出全 1
   tmp=P0;
   while(1)
   {
      while(tmp==0x0f)            //循环判断是否有键按下
      {
         P0=0x0f;                 //所有列输出低电平
         tmp=P0;                  //读行信号
      }
      delay10ms();                //延时 10ms 去抖
      P0=0x0f;                     //所有列输出低电平
      tmp=P0;                     //再次读键盘状态
      if(tmp==0x0f) continue;     //如果无键按下则认为是按键抖动，重新扫描键盘
      key=scan_key();             //有键按下，调用键盘扫描程序，并把键值送 key
      while(k!=-1)                //判断闭合键是否释放，直到其释放
      {delay10ms();k=scan_key();}
      P1=table[key];              //查表或字型编码送 P1 口，数码管显示闭合按键的编码
   }
}
```

4．仿真

矩阵键盘电路程序设计好了以后，打开"矩阵键盘"Proteus 电路，加载程序编译后生成的"矩阵键盘.hex"文件。进行仿真运行，当按下左下角的按键后，LED 数码管将显示该按键所对应的数字"F"，如图 5-8 所示。同理，可以观察矩阵键盘其他键按下后对应显示的字符是否与设计要求相符合。

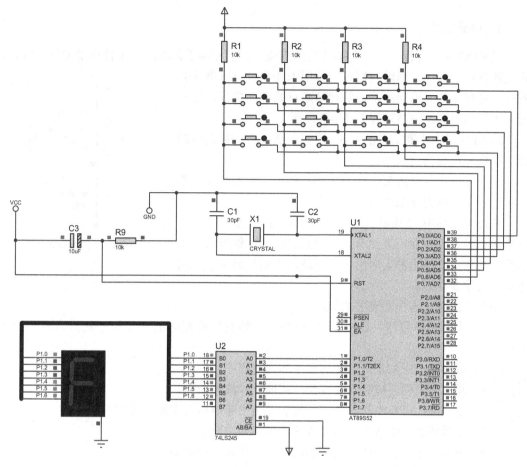

图 5-8　矩阵式键盘电路仿真结果

5.4　任务四　51 单片机的中断系统与中断方式的矩阵键盘

基于中断方式的矩阵键盘相对其他方式的矩阵键盘有着无比的优越性，这种方式的矩阵式键盘占用 CPU 的时间少，让 CPU 有更多的时间去处理其他事件。只有在中断系统被触发的条件下才处理响应的矩阵键盘程序。

本任务通过设计实现中断方式矩阵式键盘，使读者掌握中断方式的矩阵式键盘的软硬件设计的方法。

5.4.1　MCS-51 单片机的中断系统

中断系统在计算机系统中有着重要的作用，运用好中断系统，能大大提高计算机处理事件的能力，提高系统的运行效率，增强系统的实时性能。

1．中断的概念

当 CPU 在执行程序时，由单片机内部或外部的原因引起的随机事件要求 CPU 暂时停止正在执行的程序，而转向执行一个用于处理该随机事件的程序，处理完后又返回被中止的程序断点处继续执行，这一过程就称为中断。中断过程如图 5-9 所示。

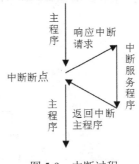

向 CPU 发出中断请求的来源，引起中断的原因称为中断源。中断源可分为两大类：

一类来自单片机内部，称为内部中断源；一类是来自单片机的外部，称为外部中断源。

图 5-9　中断过程

在日常生活中，"中断"现象也比较普遍。例如，有一名同学正在教室写作业，突然有人叫他出去谈话，他谈话回来后继续写作业。这里被人叫出去谈话就属于随机而又紧急的事情，必须要处理。

下面给出几个与中断有关的概念。

（1）中断服务程序：CPU 响应中断后，转去执行相应的处理程序就称为中断服务程序。

（2）主程序：原来正常运行的程序称为主程序。

（3）断点：主程序被断开的位置（或地址）称为断点。

（4）中断源：引起中断的原因，或能发出中断申请的来源，称为中断源。

（5）中断请求：中断源要求服务的请求称为中断请求。

（6）中断系统：实现中断功能的硬件和软件称为中断系统。

2．中断的特点

（1）实现分时操作：只有当服务对象向 CPU 发出中断请求时，才去为它服务，单片机可以为多个对象服务，大大提高工作效率。

（2）实现实时处理：利用中断技术，各个服务对象可以根据需要随时向 CPU 发出中断申请，及时发现和处理中断请求并为之服务，以满足实时控制的要求。

（3）进行故障处理：发生难以预料的情况或故障时，系统及时发出中断请求，由 CPU 快速进行相应的处理，可以提高系统自身的可靠性。例如，系统出现掉电、存储出错和 CPU 运算溢出等。

3．单片机系统的中断源

51 系列单片机提供了 5 个中断源，其中外部中断 2 个，内部中断 3 个。这些中断分为 3 类，分别是外部中断、定时器溢出中断和串行口中断。

1）外部中断

（1）$\overline{\text{INT0}}$：外部中断 0。外部中断 0 的中断请求信号由 P3.2 输入。定时器控制寄存器 TCON 中的 IT0 位决定中断请求信号是低电平还是下降沿有效。一旦输入信号有效，即向 CPU 申请中断，并且硬件自动使 IE0 置 1。

（2）$\overline{INT1}$：外部中断 1。外部中断 1 的中断请求信号由 P3.3 输入。定时器控制寄存器 TCON 中的 IT1 位决定中断请求信号是低电平还是下降沿有效。一旦输入信号有效，即向 CPU 申请中断，并且硬件自动使 IE1 置 1。

2）定时器溢出中断

（1）TF0：定时/计数器 T0 溢出中断请求。当定时器 T0（对外部脉冲计数由 P3.4 输入）产生溢出时，定时器 0 的中断请求标志位（TCON.5）置位（由硬件自动执行），请求中断处理。

（2）TF1：定时器 T1 溢出中断请求。当定时器 1（对外部脉冲计数由 P3.5 输入）产生溢出时，定时器 1 中断请求标志位（TCON.7）置位（由硬件自动执行），请求中断处理。

3）串行口中断

串行口中断包括串行接收中断 RI 和串行发送中断 TI，为接受和发送串行数据而设置。当串行口发送或接收完一帧数据后，内部串行口中断请求标志 TI（SCON.1）或 RI（SCON.0）置位（由硬件自动执行），请求中断处理。

4．中断系统结构

MCS-51 的中断系统结构如图 5-10 所示。

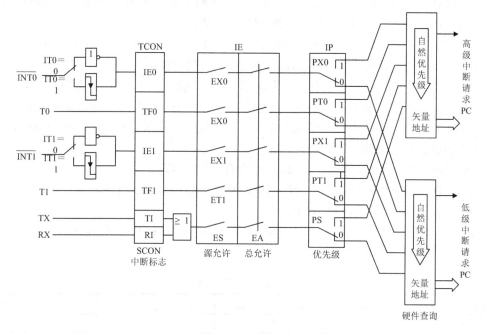

图 5-10　中断系统内部结构示意图

5．中断有关的控制寄存器

80C51 单片机中涉及中断控制的有 3 个方面，包括 4 个特殊功能寄存器，分别为定时器/计数器控制寄存器 TCON、串行口中断控制寄存器 SCON、中断允许控制寄存器 IE 和中断优先级控制寄存器 IP。

1）定时器/计数器控制寄存器 TCON

在 MCS-51 系列单片机中，5 个中断源的中断请求信号分别存放在两个不同的寄存器中，外部中断 0/1 和定时器 0/1 中断的中断请求信号寄存在 TCON 中，串行口中断请求信号寄存在 SCON 中。

TCON 的格式如表 5-1 所示。

表 5-1 TCON 格式

TCON	D7	D6	D5	D4	D3	D2	D1	D0
位名称	TF1	—	TF0	—	IE1	IT1	IE0	IT0
位地址	8FH	8EH	8DH	8CH	8BH	8AH	89H	88H

各位的功能说明。

（1）TF1：定时器 1（T1）溢出中断标志位。T1 被启动计数后，从初值开始加 1 计数，计满溢出后由硬件置位 TF1，同时向 CPU 发出中断请求，此标志一直保持到 CPU 响应中断后才由硬件自动清零。也可由软件查询该标志，并由软件清零。

（2）TF0：定时器 0（T0）溢出中断标志位。其操作功能与 TF1 相同。

（3）IE1：外部中断 1 标志位。IE1=1，外部中断 1 向 CPU 申请中断。当 CPU 响应外部中断后，由硬件自动使 IE 清零（在边沿触发方式时）。

（4）IT1：外部中断 1 触发方式控制位。当 IT1=0 时，外部中断 1 控制为电平触发方式。在这种方式下，CPU 在每个机器周期的 S5P2 期间对 $\overline{INT1}$（P3.3）引脚采样，若为低电平，则认为有中断申请，然后使 IE1 标志置位；若为高电平，则认为无中断申请，或中断申请已撤除，然后使 IE1 标志复位。在电平触发方式中，CPU 响应中断后不能由硬件自动清除 IE1 标志，也不能由软件清除 IE1 标志，所以，在中断返回之前必须撤销引脚上的低电平，否则将再次中断导致出错。

（5）IE0：外部中断 0 标志位。其操作功能与 IE1 相同。

（6）IT0：外部中断 0 触发方式控制位。其操作功能与 IT1 相同。

2）串行口中断控制寄存器 SCON

SCON 是串行口控制寄存器，其低两位 TI 和 RI 锁存串行口的发送中断标志和接收中断。SCON 的格式如表 5-2 所示。

表 5-2 SCON 格式

SCON	D7	D6	D5	D4	D3	D2	D1	D0
位名称	—	—	—	—	—	—	TI	RI
位地址	—	—	—	—	—	—	99H	98H

各位的功能说明。

（1）TI：串行发送中断标志。CPU 将数据写入发送缓冲器 SBUF 时启动发送，每发送完一个串行帧，硬件将使 TI 置位。但 CPU 响应中断时并不清除 TI，必须由软件清除。

（2）RI：串行接收中断标志。在串行口允许接收时，每接收完一个串行帧，硬件将使RI 置位。同样，CPU 在响应中断时不会清除 RI，必须由软件使其清零。

8051 系统复位后，TCON 和 SCON 均清零，应用时要注意各位的初始状态。

3）中断允许控制寄存器 IE

MCS-51 系列单片机的 5 个中断源都是可屏蔽中断，其中断系统内部设有一个专用寄存器 IE，用于控制 CPU 对各中断源的开放或屏蔽。

IE 的格式如表 5-3 所示。

表 5-3　IE 格式

IE	D7	D6	D5	D4	D3	D2	D1	D0
位名称	EA	—	—	ES	ET1	EX1	ET0	EX0
位地址	AFH	—	—	ACH	ABH	AAH	A9H	A8H

各位的功能说明。

（1）EA：CPU 中断允许总控制位。EA=1，CPU 开中断，所选中断源是否允许，分别还要由相应的各中断源的中断允许控制位确定；EA=0，CPU 关中断，且屏蔽所有 5 个中断源。

（2）ES：串行口中断（包括串行发送、串行接收）允许控制位。ES=1，串行口开中断；ES=0，串行口关中断。

（3）ET1：定时器/计数器 T1 中断允许控制位。ET1=1，定时器 T1 开中断；ET1=0，定时器 T1 关中断。

（4）EX1：外中断 INT1 中断允许控制位。EX1=1，$\overline{\text{INT1}}$ 开中断；EX1=0，$\overline{\text{INT1}}$ 关中断。

（5）ET0：定时器/计数器 T0 中断允许控制位。ET0=1，定时器 T0 开中断；ET0=0，定时器 T0 关中断。

（6）EX0：外中断 INT0 中断允许控制位。EX0=1，$\overline{\text{INT0}}$ 开中断；EX0=0，$\overline{\text{INT0}}$ 关中断。

说明：MCS-51 系列单片机对中断实行两级控制，总控制位是 EA，每一中断源还有各自的控制位。首先要 EA=1，其次还要自身的控制位置 1。

4）中断优先级控制寄存器 IP

MCS-51 系列单片机的中断源优先级是由中断优先级寄存器 IP 控制的。5 个中断源总共可分为两个优先级，每一个中断源都可以通过 IP 寄存器中的相应位设置成高优先级中断或低优先级中断，因此，CPU 对所有中断请求只能实现两级中断嵌套。

IP 的格式如表 5-4 所示。

表 5-4　IP 格式

IP	D7	D6	D5	D4	D3	D2	D1	D0
位名称	—	—	—	PS	PT1	PX1	PT0	PX0
位地址	—	—	—	BCH	BBH	BAH	B9H	B8H

各位的功能说明。

（1）PS：串行口中断优先控制位。PS=1，设定串行口为高优先级中断；PS=0，设定串行口为低优先级中断。

（2）PT1：定时器 T1 的中断优先控制位。PT1=1，设定定时器 T1 中断为高优先级中断；PT1=0，设定定时器 T1 中断为低优先级中断。

（3）PX1：外部中断 1 的中断优先控制位。PX1=1，设定外部中断 1 为高优先级中断；PX1=0，设定外部中断 1 为低优先级中断。

（4）PT0：定时器 T0 的中断优先控制位。PT0=1，设定定时器 T0 中断为高优先级中断；PT0=0，设定定时器 T0 中断为低优先级中断。

（5）PX0：外部中断 0 的中断优先控制位。PX0=1，设定外部中断 0 为高优先级中断；PX0=0，设定外部中断 0 为低优先级中断。

当系统复位后，IP 低 5 位全部清零，所有中断源均设定为低优先级中断。如果几个同一优先级的中断源同时向 CPU 申请中断，CPU 通过内部硬件查询逻辑，按自然优先级顺序确定先响应哪个中断请求。自然优先级由硬件形成，排列如下：

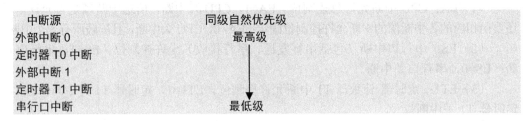

中断源	同级自然优先级
外部中断 0	最高级
定时器 T0 中断	
外部中断 1	
定时器 T1 中断	
串行口中断	最低级

6．中断的处理过程

中断处理过程大致可分为 4 个步骤：中断请求、中断响应、中断服务和中断返回。不同的计算机的中断系统的硬件结构不完全相同，因而响应的中断的方式有所不同。这里仅讨论 MCS-51 系列单片机的中断处理过程。

1）中断请求

中断源发出中断请求信号，相应的中断请求标志位（在中断允许控制寄存器 IE 中）置 1。

2）中断响应

CPU 查询（检测）到某中断标志为 1，在满足中断响应条件下，响应中断。

（1）中断响应条件

① 该总中断已经"开启中断"，即 EA=1，申请中断的中断源的中断允许位为 1。

② CPU 此时没有响应同级或更高级的中断。

③ 当前正处于所执行指令的最后一个机器周期。

④ 正在执行的指令不是 RETI 或者是访问 IE、IP 的指令，否则必须再另外执行一条指令后才能响应。

（2）中断响应操作

CPU 响应中断后，进行下列操作：

① 保护断点地址。

② 撤除该中断源的中断请求标志。

③ 关闭同级中断。

④ 将相应中断的入口地址送入 PC；中断的入口地址如表 5-5 所示。

表 5-5 中断入口地址

中 断 源	中断入口地址
外部中断 0	0003H
定时器中断 0	000BH
外部中断 1	0013H
定时器中断 1	001BH
串行口中断	0023H

（3）执行中断服务程序

中断服务程序应包含以下几部分：

① 保护现场。

② 执行中断服务程序主体，完成相应操作。

③ 恢复现场。

（4）中断返回

在中断服务程序最后，必须安排一条中断返回指令 RETI，当 CPU 执行 RETI 指令后，自动完成下列操作：

① 恢复断点地址。

② 开放同级中断，以便允许同级中断源请求中断。

整个中断处理过程如图 5-11 所示。此外若排除 CPU 正在响应同级或更高级的中断情况，中断响应等待时间应为 3～8 个机器周期。

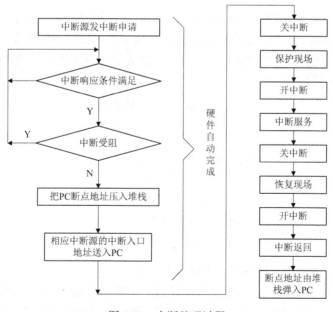

图 5-11 中断处理过程

7．中断请求的撤除

中断源发出中断请求，相应中断请求标志置 1。CPU 响应中断后，必须清除中断请求"1"标志。否则中断响应返回后，将再次进入该中断，引起死循环。

（1）对定时器/计数器 T0、T1 中断，外中断边沿触发方式，CPU 响应中断时用硬件自动清除了相应的中断请求标志。

（2）对外中断电平触发方式，中断标志位的清零是自动的，但是如果低电平持续存在，在后面的机器周期时，又会把中断标志位置位。所以，在 CPU 响应中断后，应立即撤除外部中断请求信号的低电平，否则会引起重复中断而导致错误。

（3）对串行口中断，用户应在串行中断服务程序中用软件清除 TI 或 RI。

8．中断优先控制和中断嵌套

1）中断优先控制

MCS-51 系列单片机中断优先控制首先根据中断优先级判断，此外还规定了同一中断优先级之间的中断优先权。其从高到低的顺序为 $\overline{INT0}$ 、 $\overline{INT1}$ 、T0、T1、串行口。

中断优先级是可编程的，而中断优先权是固定的，不能设置，仅用于同级中断源同时请求中断时的优先次序。

MCS-51 系列单片机中断优先控制的基本原则：

（1）高优先级中断可以中断正在响应的低优先级中断，反之则不能。

（2）同优先级中断不能互相中断。

（3）同一中断优先级中，若有多个中断源同时请求中断，CPU 将先响应优先权高的中断，后响应优先权低的中断。

2）中断嵌套

如图 5-12 所示，当 CPU 正在执行某个中断服务程序时，如果发生更高一级的中断源请求中断，CPU 可以"中断"正在执行的低优先级中断，转而响应更高一级的中断，这就是中断嵌套。中断嵌套只能高优先级"中断"低优先级，低优先级不能"中断"高优先级，同一优先级也不能相互"中断"。

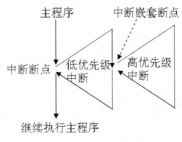

图 5-12　中断嵌套

中断嵌套结构与调用子程序嵌套类似，不同的是：

（1）子程序嵌套是在程序中事先按排好的，中断嵌套是随机发生的。

（2）子程序嵌套无次序限制，中断嵌套只允许高优先级"中断"低优先级。

9. 中断系统的一般应用

1）中断初始化

（1）设置堆栈指针 SP。

（2）定义中断优先级。

（3）定义外中断触发方式。

（4）开启中断。

（5）安排好等待中断或中断发生前主程序应完成的操作内容。

2）中断服务主程序

中断服务主程序内容要求：

（1）在中断服务入口地址设置一条跳转指令，转移到中断服务程序的实际入口处。

（2）根据需要保护现场。

（3）中断源请求中断服务要求的操作。

（4）恢复现场。与保护现场相对应，注意先进后出、后进先出操作原则。

（5）中断返回，最后一条指令必须是 RETI。

10. C 语言中断服务函数

在 C 语言程序设计中，C51 编译器支持对中断服务函数进行编程。函数类型定义中断服务函数的一般形式为：

函数类型 函数名(形式参数表)[interrupt n] [using n]

其中，interrupt 后面的 n 是中断号，n 的取值范围为 0～31。表 5-6 给出了 MCS-51 系列单片机所提供的 5 个中断源对应的中断编号，中断编号告诉编译器中断程序的入口地址，它对应 IE 寄存器中的使能位，即 IE 寄存器中的 0 位对应的外部中断 0，相应的外部中断 0 的中断编号是 0。MCS-51 单片机使用 using 定义当前使用的工作寄存器组，using 取值为 0～3，分别表示 51 单片机内的 4 个寄存器组。

表 5-6 中断编号

中 断 编 号	中 断 源	入 口 地 址
0	外部中断 0	0003H
1	定时器/计数器 0 溢出	000BH
2	外部中断 1	0013H
3	定时器/计数器 1 溢出	001BH
4	串行口中断	0023H

当正在执行一个特定任务时，可能有更紧急的进程需要 CPU 处理，这就涉及到中断优先级，高优先级的中断可以中断正在处理的低优先级中断程序，因而最好给每种优先级分配不同的寄存器组。

编写 MCS-51 单片机中断函数时应遵循以下规则：

（1）中断函数不能进行参数传递；如果中断函数中包含任何函数声明都将导致编译出错。

（2）中断函数无返回值。如果企图定义一个返回值将得到不正确的结果。因此建议在定义中断函数时将其定义为 void 类型，以明确说明没有返回值。

（3）在任何情况下都不能直接调用中断函数，否则会产生编译错误。因为中断函数的退出是由 MCS-51 单片机指令 RETI 完成的，RETI 指令影响单片机的硬件中断系统。如果在没有实际中断请求的情况下直接调用中断函数，RETI 指令的操作会产生一个致命的错误。

（4）如果中断函数中调用了其他函数，则被调用的函数所使用的寄存器组必须与中断函数相同，用户必须保证按要求使用相同的寄存器组，否则会产生不正确的结果。如果定义中断函数时没有使用 using 项，则由编译器自己选择一个寄存器组作为绝对寄存器组访问。另外，由于中断的产生不可预测，中断函数对其他函数的调用可能形成递归调用，需要时可将被中断函数所调用的其他函数定义成载入函数。

5.4.2　MCS-51 单片机的中断方式的矩阵键盘

1. 需求分析

要求使用 AT89S52 单片机，设计一个 4×4 矩阵键盘，当键盘无键按下时，CPU 正常工作，不执行键盘扫描程序；当有键按下时，产生中断请求，CPU 转去执行键盘扫描程序。实行的功能要求 16 个键分别对应 0～9、A～F，有键按下时，数码管显示被按下键所对应的字符；无键盘按下时，数码管无显示。

2. 电路设计

根据任务要求，中断方式的矩阵式键盘电路在本项目任务三电路设计的基础上，增加了输入"与"门 74LS21 电路，用于产生按键中断请求信号，其输入端与 4×4 键盘的行线相连，输出端接至单片机的外部中断输入端。中断方式矩阵键盘电路如图 5-13 所示。

运行 Proteus 软件，新建"中断方式矩阵键盘"设计文件。按照图 5-13 所示放置并编辑 AT89S52、CRYSTAL、CAP、CAP-ELEC、RES、74LS245、74LS21、7SEG-COM-CATHODE 和 BUTTON 等元器件。完成中断方式矩阵式键盘电路设计后，进行电气规则检查。

3. 软件设计

根据图 5-13 所示，当键盘无键按下时，"与"门各输入端均为高电平，输出端输出高电平，不会产生中断，不执行键盘扫描程序；当键盘有键按下时，"与"门输入不全为高电平，则输出低电平，会在 $\overline{\text{INT0}}$ 引脚产生一个下降沿跳变，向 CPU 发起中断请求，CPU 响应中断，执行能完成键盘扫描及显示的中断服务程序。

定义字型码表、10ms 延迟程序设计和矩阵式键盘扫描子程序与任务三中的矩阵键盘的软件设计。这里只给出主程序和中断服务程序。

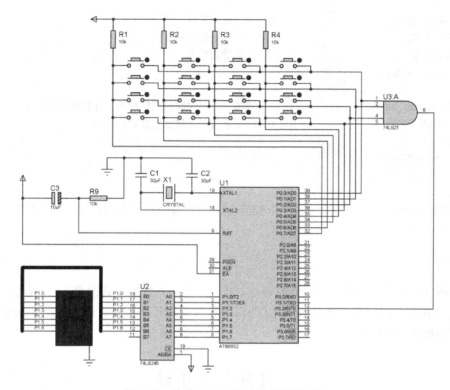

图 5-13 中断方式矩阵式键盘仿真电路

（1）主程序

在主程序中，要开单片机的总中断和外部中断 0，设定外部中断 0 为边沿触发方式，中断方式的矩阵式键盘主程序如下：

```
void main()
{
    P1=0x00;
    EA=1;                    //开总中断
    EX0=1;                   //开外部中断 0 中断
    IT0=1;                   //设定外部中断 0 为边沿触发方式
    P0=0x0f;                 //P0 口高 4 位为 0，用于检测是否有键按下
    while(1);                //等待外部中断 0 中断
}
```

（2）中断服务程序

外部中断 0 中断服务程序能完成扫描键盘、识别键盘以及数码管显示被按下键所对应的字符。外部中断 0 中断服务程序如下：

```
void  scan_key_led(void)  interrupt 0
{
    char k;
    unsigned char key,tmp;
```

```
        delay10ms();                        //延时 10ms 去抖
        P0=0x0f;                            //所有列输出低电平
        tmp=P0;                             //再次读键盘状态
        if(tmp!=0x0f)
    {
        key=scan_key();                     //有键按下，调用键盘扫描程序，并把键值送 key
        while(k!=-1)                        //判断闭合键是否释放，直到其释放
        {
            delay10ms();                    //延时等待
            k=scan_key();
        }
        P1=table[key];                      //字型码送 P1 口，数码管显示被按下键对应的字符
        P0=0x0f;
    }
    }
```

中断方式矩阵式键盘程序设计好以后，打开"中断方式矩阵式键盘"，加载程序编译后生成的"中断方式矩阵式键盘.hex"文件。进行仿真运行，其仿真运行的结果与矩阵式键盘电路仿真的结果相同。

关键知识点小结

1. 键盘

一个按键就是一个开关，多个按键组成了一个键盘，键盘分为独立式键盘和矩阵式键盘两种。使用机械式键盘时应注意消除键盘抖动。常用的去抖方法有硬件去抖和软件去抖。一般硬件去抖用于按键数量较少时，软件去抖用于按键数量较多时。

2. MCS-51 单片机的中断源

MCS-51 单片机共有 5 个中断源，分别是外部中断两个、定时器中断两个和串行口中断一个，分别是：

（1）外部中断 0，$\overline{\text{INT0}}$，由 P3.2 提供。（外部中断有两种信号触发方式，即电平方式和脉冲方式。）

（2）定时器 T0 溢出中断，由片内定时器 T0 提供。

（3）外部中断 1，$\overline{\text{INT1}}$，由 P3.3 提供。

（4）定时器 T1 溢出中断，由片内定时器 T1 提供。

（5）串行口中断 RI/TI，由片内串行口提供。

3. MCS-51 单片机的中断系统

MCS-51 单片机的中断系统主要由与中断有关的 4 个特殊功能寄存器和硬件查询电路等组成。4 个特殊功能寄存器分别为定时/计数控制寄存器 TCON、串行控制寄存器 SCON、

中断允许控制寄存器 IE 和中断优先级控制寄存器 IP。硬件查询电路和中断优先级控制寄存器共同决定了 5 个中断源的优先级。

4．与中断有关的 4 个特殊功能寄存器

（1）MCS-51 单片机中，中断请求信号分别放在两个不同的寄存器中，其中外部中断 0/1 和定时器中断 0/1 的中断请求信号放在定时/计数控制寄存器 TCON 中，串行口中断请求信号放在 SCON 中。

（2）中断允许寄存器 IE 能对 MCS-51 系列单片机的 5 个中断源进行控制，能允许中断-禁止中断和屏蔽中断，其中断系统内部设有一个专用寄存器 IE，用于控制 CPU 对各中断源的开放或屏蔽。单片机复位后，IE 中的数据会清零，即禁止所有中断。

（3）中断优先级寄存器 IP 可以设定两个级别的中断优先级，即高优先级和低优先级。系统复位后，所有的中断源的优先级都设定为低优先级，IP 的优先级可以由软件进行置 1 或者清零。相同级别的优先级的中断，首先响应自然优先级高的中断，自然优先级由高到低的排列顺序依次为外部中断 0、定时器中断 0、外部中断 1、定时器中断 1 和串行口中断。

5．中断处理

中断处理可分为中断请求、中断响应、中断服务和中断返回。中断源发送请求信号后，CPU 接收到请求信号，会对该请求信号发送回应信号，由于可以设置中断的优先级，中断可以实现 2 级中断嵌套。中断处理就是执行中断服务程序，包括保护现场、处理中断请求和恢复现场等。中断返回即在处理中断服务程序后回到主程序的断点，继续执行后面的程序。

课 后 习 题

1．什么是中断？中断都有哪些优点？
2．MCS-51 单片机中断系统有几个中断源？分别是什么？其中断入口地址分别是多少？
3．外部中断有哪两种触发方式？对触发脉冲或电平有什么要求？如何选择和设定？
4．如何进行中断允许控制？如何进行中断优先级控制？
5．机械式的按键组成的键盘如何消除抖动？独立式键盘和矩阵式键盘有什么特点，各适用在什么场合？

项目六　定时器/计数器

　　下面列举一个生活中最常见的定时例子，如用微波炉加热一碗汤。设定加热一碗汤的时间为 2 分钟（120s），启动微波炉后开始进入倒计时，并在显示屏上显示剩余时间。如果把微波炉定时的工作交给单片机，启动后单片机只需要每过 1s 更新一次显示时间。当更新显示 120 次（120s）后让微波炉停止加热即可。所以定时过程可视为单片机计算单位时间（可以是 1s、1ms、1μs）的个数，当计时完成后，把单位时间乘以个数就得到了定时的时间长度。

　　在本项目中，通过完成 4 个任务详细介绍定时器/计数器设计的方法和技巧。

- 📖　任务一　认识定时器/计数器
- 📖　任务二　霓虹灯设计与实现
- 📖　任务三　制药厂装药丸生产线
- 📖　任务四　设计简易时钟

　　如图 6-1 所示是用于精确计时的秒表，在体育比赛中使用它来计时。秒表通常有 6 位数字，前两位数字代表分钟，中间两位代表秒钟，最后两位则是更小的计时单位——1/100s。当计时启动后，1/100 秒位的两位数字在 1 秒内飞快地由 00 增加到 99。秒表内部的电路需要有较高的精度才能准确地以 1/100s 为间隔更新显示数字。虽说如此，这个任务对于单片机来说却很容易实现。下面就来学习单片机中的定时和计数功能，看看它是如何实现精确计时的。

　　那么什么是定时和计数呢？定时就是设定好一个时间。例如用微波炉加热牛奶，定时 1 分钟。这个设定的时间会随着加热的开始而渐渐减少，直到 1 分钟后时间用完，加热停止。计数就是计算某段时间内事件发生的次数。例如正常人每分钟呼吸约 12 次，心跳约 75 次。

图 6-1　秒表计时

　　举一个生活中最常见的定时例子，如用微波炉加热一碗汤。设定加热一碗汤的时间为 2 分钟（120 秒），启动微波炉后开始进入倒计时，并在显示屏上显示剩余时间。如果把微波炉定时的工作交给单片机，启动后单片机只需要每过 1S 更新一次显示时间。当更新显示 120 次（120 秒）后就让微波炉停止加热即可。所以定时过程可视为单片机计算单位时间（可以是 1s、1ms、1us）的个数，当计时完成后，把单位时间乘以个数就得到了定时的时间长度。

　　再举一个生活中最常见的计数的例子，如图 6-2 所示的自行车测速装置，在车轮辐条上装有一个磁铁，在前叉对应位置有一个霍尔开关，每当车轮转过一圈时磁铁接近一次霍尔开关，于是会输出一个脉冲。如果把这个脉冲输入单片机，单片机可以在每次脉冲到来时计一个数，假设60s内单片机的计数值为n，于是车轮每转过一圈的时间，即脉冲的周期为：

$$T = \frac{60}{n}$$

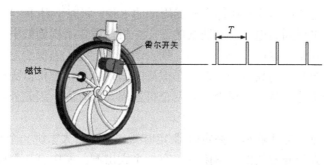

图6-2 自行车测速装置

如果车轮的半径为 r，则车轮的周长为 $C = 2\pi r$，得自行车的行驶速度为：

$$V = \frac{C}{T} = \frac{2\pi r}{\dfrac{60}{n}} = \frac{2\pi rn}{60}$$

因为车轮半径通常是已知的，单片机只要获得 60 秒内的计数值 n，即可得到自行车的行驶速度。如果把这个速度值交给七段数码管显示，就制成了一个简易而实用的自行车测速仪。

6.1 任务一 认识定时器/计数器

6.1.1 定时器/计数器结构

一般单片机内部设有两个 16 位的定时器/计数器，简称定时器 0（T0）和定时器 1（T1）。16 位的定时器/计数器实质上是一个加 1 计数器，可实现定时和计数两种功能，其功能由软件控制和切换。定时器/计数器属硬件定时和计数，是单片机中效率高而且工作灵活的部件。

1. 定时功能

计数器的加 1 信号由振荡器的 12 分频信号产生，每过一个机器周期，计数器加 1，直至计满溢出，即对机器周期数进行统计。因此，计数器每加 1 就代表一个机器周期的时间长短。定时器的定时时间与系统的时钟频率有关。因为一个机器周期等于 12 个时钟周期，所以计数频率应为系统时钟频率的 1/12（即机器周期）。如晶振频率为 12MHz，则机器周期为 1μs。通过改变定时器的定时初值，并适当选择定时器的长度（8 位、13 位或 16 位），以调整定时时间长短。

2．计数功能

计数就是对来自单片机外部的事件进行计数，为了与请求中断的外部事件区分开，称这种外部事件为外部计数事件。外部计数事件由脉冲引入，单片机的P3.4（T0）和P3.5（T1）为外部计数脉冲输入端。也就是说，计数就是对有效计数脉冲进行计数。

有效计数脉冲是指：单片机在每个机器周期的S5P2状态下对P3.4（T0）进行采样，若在一个机器周期采样到高电平，在连续的下一个机器周期采样到低电平，即得到一个有效的计数脉冲，计数寄存器在下一个机器周期自动加1。为了确保给定电平在变化前后被采样一次，外部计数脉冲的高电平与低电平保持时间均需在一个机器周期以上。也就是说单片机要想识别一个计数脉冲，至少需要两个机器周期的时间，因此外部计数脉冲的频率不能高于晶振频率的1/24。

为了能让读者更好地理解和掌握定时器/定时器，下面给大家讲一个有趣的故事。

在一个暂未被人类开发的旧部落附近，有一个大山洞，洞中有一个碗状的石头（以下简称"碗"），每天都有一滴山泉水滴到该碗中。当滴入364滴水时（即滴了364天），该碗就被装满了。神奇的是，当再滴入一滴水时（即用了365天，共滴入365滴水），该碗中的水便消失了，同时伴有雷电交加的天气变化，部落的村民就知道一年已过完了，过年的日子到了，村民们都放下当前的工作，忙着准备过年需要的丰盛食物。后来，有一个顽皮的小孩子知道了这个秘密，为了快点吃到美食便往碗中加水，所以不到365天，碗中的水就满了，产生天气变化，村民准备了丰富的食物。再后来，村民把这个大山洞作为禁区，防止人为干扰自然规律。若把定时器的工作过程与该故事比较，就很容易理解定时器的工作原理，具体如表6-1所示。

表6-1　定时器的工作过程与故事比较

故　　事	定 　时 　器	对　　　比
碗	TH和TL	1．碗用来装水，最大容量为364滴，再加1滴水则整碗水消失。 2．TH和TL用来计数，最大容量为8191、65535或255，再加1则寄存器溢出 3．人为向"碗"中加水，则过年的日子会提前到来 4．给TH和TL赋初值，则寄存器溢出的时间会提前到来
天气变化	溢出	1．整碗水消失时，有雷电交加的天气变化，告诉村民过年的日子到了 2．定时器溢出，TH和TL内容为0，溢出中断请求标志位TF0/TF1被置1
村民过年	中断响应	1．村民得到了过年的信号，村民放下当前的工作，准备过年需要的食物 2．CPU根据被硬件置1的中断标志位，进入中断服务程序

6.1.2　定时器/计数器的工作原理

（1）工作在定时器模式时，是对内部机器周期脉冲进行计数，定时时间为机器周期脉冲的时间乘以机器周期数。

（2）工作在计数器模式时，是对引脚部脉冲计数，当检测到引脚上的信号T0（P3.4）或T1（P3.5）由高电平跳变到低电平时，计数器加1。

6.1.3 定时器/计数器结构

MCS-51 系列单片机内设两个 16 位可编程定时器/计数器 T0 和 T1，其逻辑结构如图 6-3 所示。由图 6-3 可知，定时器/计数器的主要部件有以下几部分。

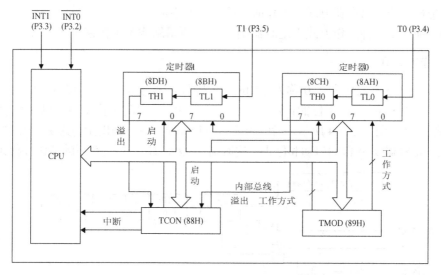

图 6-3 MCS-51 单片机内部逻辑结构图

（1）两个 16 位的定时器/计数器 T0 和 T1。T0 和 T1 分别由两个 8 位特殊功能寄存器组成，即 T0 由 TH0 和 TL0 组成，T1 由 TH1 和 TL1 组成，用于存放定时或计数初始设定值。

（2）工作方式控制寄存器 TMOD。每个定时器都可由软件设置成定时器模式或计数器模式，在这两种模式下，又可单独设定为方式 0、方式 1、方式 2 和方式 3 这 4 种工作方式。

（3）控制寄存器 TCON。由软件通过 TCON 来控制定时器/计数器的启动和停止。定时器/计数器的实质是一个二进制的加 1 寄存器，当启动后就开始从所设定的计数初始值开始加 1 计数，寄存器计满回零，此时能够自动产生溢出并发送中断请求，但是定时与计数两种模式下的计数方式不同。

6.1.4 定时器/计数器的主要应用

（1）定时与延时控制方面。一是用于产生定时中断信号，以设计出各种不同频率的信号源，二是用于产生定时扫描信号，对键盘进行扫描以获得控制信号，对显示器进行扫描以不间断地显示数据。

（2）测量外部脉冲方面。对外部脉冲信号进行计数可测量脉冲信号的宽度、周期，也可实现自动计数。

（3）监控系统工作方面。对系统进行定时扫描，当系统工作异常时，使系统自动复位，重新启动以恢复正常工作。

6.1.5　定时器/计数器的工作方式

定时器/计数器 T0 和 T1 通过 C/$\overline{T}$ 可设置成定时或计数两种工作模式。在每种模式下通过对 M1、M0 的设置又有 4 种不同的工作方式，T0 和 T1 在方式 0、方式 1、方式 2 下的工作情况是相同的，只有在方式 3 工作时，两者情况不同。

下面详细介绍 4 种工作方式下定时器/计数器的逻辑结构及工作情况。

1．工作方式 0

定时器/计数器的工作方式 0 称为 13 位定时器/计数器方式。它由 TL（0/1）的低 5 位和 TH（0/1）的 8 位构成 13 位的计数器，此时 TL（0/1）的高 3 位未用。以 T0 为例，方式 0 下的逻辑结构图如图 6-4 所示。当门控位 GATE=0 时，或门输出始终为 1，与门被打开，由 TR0 控制定时器/计数器的启动和停止。定时器/计数器 T0 在方式 0 下的工作过程如下：

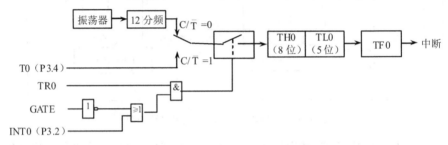

图 6-4　定时器/计数器 T0 在方式 0 下的逻辑结构图

（1）软件使 TR0 置 1，接通控制开关，启动定时器 0，13 位加 1 计数器在定时初值或计数初值的基础上进行加 1 计数。

（2）软件使 TR0 清零，关闭控制开关，停止定时器 0，加 1 计数器停止计数。

（3）计数溢出时，13 位加 1 计数器为 0，TF0 由硬件自动置 1，并申请中断，同时 13 位加 1 计数器继续从 0 开始计数。

2．工作方式 1

定时器/计数器的工作方式 1 是一个由 TH0 中的 8 位和 TL0 中的 8 位组成的 16 位加 1 计数器。定时器/计数器 T0 在方式 1 下的逻辑结构图如图 6-5 所示。方式 1 与方式 0 基本相似，最大的区别是方式 1 的加 1 计数器位数是 16 位。

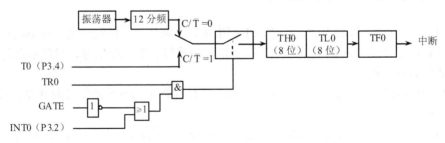

图 6-5　定时器/计数器 T0 在方式 1 下的逻辑结构图

3. 工作方式 2

定时器/计数器的工作方式 2 是一个能自动装入初值的 8 位加 1 计数器, TH0 中的 8 位用于存放定时初值或计数初值, TL0 中的 8 位用于加 1 计数器。定时器/计数器 T0 在方式 2 下的逻辑结构如图 6-6 所示。加 1 计数器溢出后, 硬件使 TF0 自动置 1, 同时自动将 TH0 中存放的定时初值或计数初值再装入 TL0, 继续计数。

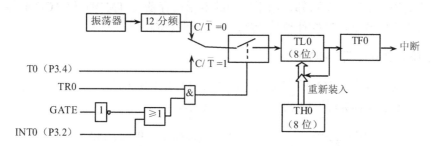

图 6-6 定时器/计数器 T0 在方式 2 下的逻辑结构图

4. 工作方式 3

定时器/计数器的工作方式 3 分为两个独立的 8 位加 1 计数器 TH0 和 TL0。TL0 既可用于定时, 也能用于计数; TH0 只能用于定时。定时器/计数器 T0 在方式 3 下的逻辑结构如图 6-7 所示。

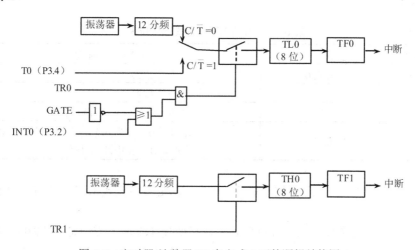

图 6-7 定时器/计数器 T0 在方式 3 下的逻辑结构图

加 1 计数器 TL0 占用了 T0 除 TH0 外的全部资源, 原 T0 的控制位和信号引脚的控制功能与方式 0、方式 1 相同; 与方式 2 相比, 只是不能自动将定时初值或计数初值再装入 TL0, 而必须用程序来完成; 加 1 计数器 TH0 只能用于简单的内部定时功能, 它占用了原 T1 的控制位 TR1 和 TF1, 同时占用了 T1 中断源。

T1 不能工作在方式 3 下, 因为在 T0 工作在方式 3 下时, T1 的控制位 TR1、TF1 和中断源被 T0 占用; T1 可工作在方式 0、方式 1、方式 2 下, 但其输出直接送入串行口; 设置好 T1 的工作方式，T1 就自动开始计数；若要停止计数，可将 T1 设为方式 3；T1 通常用作串行口波特率发生器，以方式 2 工作会使程序简单一些。

6.1.6　定时器/计数器相关寄存器

T0 和 T1 工作于计数器模式还是定时器模式，以何种方式工作，以及工作的启/停，都是由软件控制的。由图 6-3 可知，用于控制的专用寄存器有 TMOD 和 TCON。对定时器/控制器控制的实质就是通过软件编程读/写这些专用的寄存器。

1. 工作方式寄存器 TMOD

TMOD（其地址为 89H）的作用是设置 T0、T1 的工作方式。低 4 位用于控制 T0，高 4 位用于控制 T1，TMOD 的各位定义如图 6-8 所示。

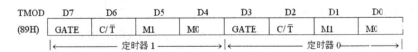

TMOD	D7	D6	D5	D4	D3	D2	D1	D0
(89H)	GATE	C/$\overline{\text{T}}$	M1	M0	GATE	C/$\overline{\text{T}}$	M1	M0

图 6-8　工作方式寄存器 TMOD 的格式

TMOD 各位的控制功能说明如下。

（1）M0、M1：工作方式控制位。两位可形成 4 种二进制码，可控制产生 4 种工作方式，如表 6-2 所示。

表 6-2　T0、T1 工作方式选择位说明

M1	M0	工 作 方 式	功 能 描 述
0	0	方式 0	13 位计数器
0	1	方式 1	16 位计数器
1	0	方式 2	自动重装初值 8 位计数器
1	1	方式 3	定时器 0：分为两个独立的 8 位计数器 定时器 1：无中断的计数器

（2）C/$\overline{\text{T}}$：模式控制选择位。C/$\overline{\text{T}}$=0 时，以定时器模式工作。C/$\overline{\text{T}}$=1 时，以计数器模式工作。

（3）GATE：门选通位。当 GATE=0 时，只要使 TCON 中的 TR1（TR0）置 1 即可启动定时器 1（定时器 0）工作。当 GATE=1 时，只有使 TCON 中的 TR1（TR0）置 1 且外部中断 $\overline{\text{INT0}}$（$\overline{\text{INT1}}$）引脚输入高电平时，才能启动定时器 1（定时器 0）工作。一般使用时设 GATE=0 即可。

2. 定时器控制寄存器 TCON

TCON（地址为 88H）的作用是控制定时器的启动与停止，并保存 T0、T1 的溢出和中断标志。

TCON 的各位定义如图 6-9 所示。

TCON	8FH	8EH	8DH	8CH	8BH	8AH	89H	88H
(88H)	TF1	TR1	TF0	TR0	IE1	IT1	IE0	IT0

图 6-9　定时器控制寄存器 TCON 格式

TCON 各位的控制功能说明如下。

（1）TF1（TCON.7）：定时器 1 溢出标志位。0 表示 T1 无溢出；1 表示 T1 溢出中断。

（2）TR1（TCON.6）：定时器 1 运行控制位。0 表示 T1 停止定时或计数；1 表示 T1 启动定时或计数。

（3）TF0（TCON.5）：定时器 0 溢出标志位。0 表示 T0 无溢出；1 表示 T0 溢出中断。

（4）TR0（TCON.4）：定时器 0 运行控制位。0 表示 T0 停止定时或计数；1 表示 T0 启动定时或计数。

（5）IE1、IT1、IE0 和 IT0（TCON.3～TCON.0）：外部中断 $\overline{INT1}$、$\overline{INT0}$ 请求及请求方式控制位。

MCS-51 系列单片机复位后，TCON 的所有位被清零。

3．定时器/计数器初值的计算方法

不同工作方式的定时初值或计数初值的计算方法如表 6-3 所示。

表 6-3　定时初值或计数初值的计算方法

工 作 方 式	计 数 位 数	最大计数值	最大定时时间	定时初值计算公式	计数初值计算公式
方式 0	13	2^{13}	$2^{13} \times T_{机}$	$X=2^{13}-T/T_{机}$	$X=2^{13}-$计数值
方式 1	16	2^{16}	$2^{16} \times T_{机}$	$X=2^{16}-T/T_{机}$	$X=2^{16}-$计数值
方式 2	8	2^{8}	$2^{8} \times T_{机}$	$X=2^{8}-T/T_{机}$	$X=2^{8}-$计数值

说明：表中 T 表示定时时间，$T_{机}$ 表示机器周期。

4．定时器/计数器的初始化步骤

定时器/计数器是一种可编程部件，在使用定时器/计数器前，一般都要对其进行初始化，以确定其以特定的功能工作。初始化的步骤如下：

（1）确定定时器/计数器的工作方式，即确定方式控制字，并写入 TMOD。

（2）预置定时初值或计数初值，即根据定时时间或计数次数，计算定时初值或计数初值，并写入 TH0、TL0 或 TH1、TL1。

（3）根据需要开放定时器/计数器的中断，即给 IE 中的相关位赋值。

（4）启动定时器/计数器，即给 TCON 中的 TR1 或 TR0 置 1。

6.2　任务二　霓虹灯设计与实现

6.2.1　需求分析

由 P1 口输出控制 8 个 LED（模拟霓虹灯）的亮灭。首先从灯 D1 开始，8 个灯循环点

亮一次，即 D1 点亮 1s 后熄灭，D2 点亮 1s 后熄灭，……，D8 点亮 1s 后熄灭；然后间隔闪烁 3 次，即 D1、D3、D5、D7 点亮 1s 后熄灭，D2、D4、D6、D8 点亮 1s 后熄灭，重复 3 次；循环上述过程（晶振频率为 6MHz）。

6.2.2 电路设计

霓虹灯控制系统电路如图 6-10 所示。根据设计要求，霓虹灯控制系统电路由单片机最小系统和 8 个 LED 电路组成。8 个 LED 采用共阴极接法，LED 的阴极通过 220Ω 限流电阻后连接到 GND 上，限流电阻在这里起到了限流的作用，使通过 LED 的电流被限制在 10mA 左右。P1 口接 LED 的阳极，P1 口的引脚输出高电平时对应的 LED 点亮，输出低电平时对应的 LED 熄灭。

运行 Proteus 软件，新建"霓虹灯控制系统电路"设计文件。按图 6-10 所示放置并编辑好元器件。具体的元器件清单如表 6-4 所示。完成霓虹灯控制系统电路设计后，运行电气规则检测。

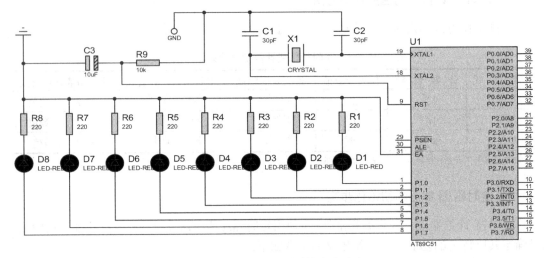

图 6-10　霓虹灯控制系统电路设计

表 6-4　电路元件清单

元器件名称	元器件参数	数　量
单片机	AT89C51	1
晶振	CRYSTAL（12MHz）	1
电容	CAP（30PF）	2
电解电容	CAP-ELEC（10μF）	1
电阻	RES（10K，220）	2，8
发光二极管	LED-RED	8

6.2.3 软件设计

程序设计分析：循环点亮阶段输出控制码 8 次，初始控制码为 01H（D1 点亮），下一个控制码可由上一个控制码循环左移得到（即 8 个控制码分别为 01H、02H、04H、08H、10H、20H、40H、80H）；间隔闪烁阶段输出控制码 6 次，初始控制码为 55H，下一个控制码可由上一个控制码取反得到（即分别为 55H、0AAH 交替 3 次）；任意两个控制码输出间隔为 1s，因此可以利用 T0（或 T1）定时功能，每 1s 后，根据阶段标志判断输出下一个控制码。采用 T1 定时器，在方式 1（晶振频率为 6MHz）下，T1 定时最大为 131.072ms，为了定时 1s，采用硬件定时加软件计数方式，即设置 T1 定时 100ms，软件计数 10 次，分配如下。

i10：定时的软件计数器，初值为 10；F：控制阶段标志位，F=0 表示循环点亮阶段，F=1 表示间隔闪烁阶段；i8、i6：分别为两个控制阶段输出控制码的计数器，初值为 8 和 6；mod1、mod2：分别为两个阶段的控制码寄存器，初值为 0x01 和 0x55。经以上分析，编写的具体控制程序如下：

```c
/*********************************************************
霓虹灯模拟控制主程序
*********************************************************/
#include <AT89X52.H>
unsigned char i10,i8,i6;
unsigned char mod1,mod2;
bit F;
void main(void)
{
    i10=10;              //设置软件计数 10 次，每次 100ms
    i8=8;                //设置循环点亮阶段输出次数
    i6=6;                //设置间隔闪烁阶段输出次数
    mod1=0x01;           //设置循环点亮阶段控制码初值
    mod2=0x55;           //设置间隔闪烁阶段控制码初值
    F=0;                 //设置循环点亮阶段标志，F=0 为循环点亮阶段
    TMOD=0x10;           //设置 T1 方式 1 定时
    TH1=0x3C;            //送 100ms 定时初值
    TL1=0xB0;
    IE=0x88;             //允许 T1 中断
    TR1=1;               //启动 T1 定时
    while(1);            //等待中断
}
/*********************************************************
T1 中断服务程序
*********************************************************/
void timer0(void)    interrupt 3 using 1
{
```

```
TH1=0x3C;                      //100ms 时间到，重装定时初值
TL1=0xB0;
i10--;
if(i10==0)
{
  i10=10;                      //1s 到重设软件计数器
  if(F==0)
  {
    P1=mod1;                   //循环点亮阶段控制码取反送 P1 口
    mod1= mod1<<1;             //mod1 值左移一位
    i8--;
    if(i8==0)
    {
      i8=8;                    //完成重设循环点亮阶段输出次数
      F=1;                     //设置间隔闪烁阶段标志
      mod1=0x01;
    }
  }
  else
  {
    P1=mod2;                   //输出间隔闪烁阶段控制码
    mod2=～mod2;               //控制码取反
    i6--;
    if(i6==0)
    {
      i6=6;                    //完成重设间隔闪烁阶段输出次数
      F=0;                     //设置循环点亮阶段标志
    }
  }
}
}
```

6.3 任务三 制药厂装药丸生产线

6.3.1 需求分析

如图 6-11 所示为制药厂里装药丸生产线的示意图，药丸漏斗颈上有一个阀门控制药丸是否能掉落到药瓶中。阀门下方是一个红外传感器。当阀门打开时，每粒药丸通过漏斗颈时红外传感器会输出一个脉冲并输入单片机的 T0 端（P3.4）。单片机的 P1.0 口控制阀门打开或关闭，从而控制药丸掉落到药瓶中的粒数。每个药瓶装满 10 粒药丸后，单片机的 P1.1 口输出一个低电平，使传送带电动机转动，传送带则运送下一个空瓶到漏斗下，准备装药。P2 口驱动 2 位数码管显示已经装好药丸的瓶数。

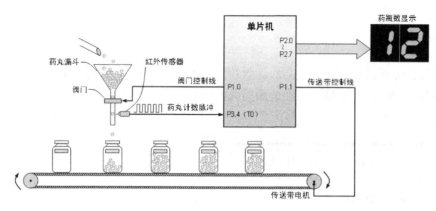

图 6-11 单片机计数器应用于装药丸生产线

图 6-11 所示的装药丸生产线的计数部分可由单片机的 T0 作计数器来实现：药丸计数脉冲输入单片机的 T0 口，T0 计算脉冲个数，当计数值增加 10 之后，说明药瓶已经装好。T0 作计数器使用时，T0 寄存器中的计数值将随着脉冲增加，实现记录外部事件的个数。

6.3.2 电路设计

通过与定时器 T0 计数输入（P3.4）相连的按键电路，为单片机控制系统模拟药丸装瓶实验。用按键按下时产生的负脉冲模拟药丸进入到药瓶，产生一个脉冲，计数器 T0 加 1，当达到规定的数量时，将计数的数字编码送到 P2 口显示。通过 P1.1 送出低电平让 LED 点亮一段时间来模拟传送带电动机转动，传送带则运送下一个空瓶到漏斗下，准备装药。装药丸生产线单片机控制电路如图 6-12 所示。

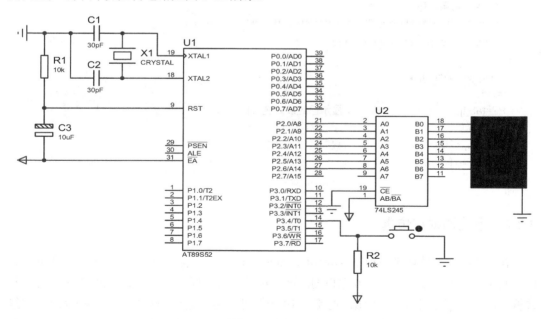

图 6-12 装药丸生产线单片机控制电路

6.3.3　程序设计

程序设计分析：T0 工作在方式 2，计数初值为 $X=2^8-10=246=0xf6$，$TH0=0xf6$，$TL0=0xf6$。采用共阴极数码管。用来显示已经装满药丸的瓶数。

编写的程序如下：

```
/*********************************************
     计数器应用于药丸生产线程序
*********************************************/
#include <AT89X52.H>
unsigned char t;
unsigned char code tab[]={0x3F,0x06,0x5B,0x4F,0x66,0x6D,0x7D,0x07,0x7F,0x6F};
sbit led=P1^1;
void main(void)
{
    TMOD=0x06;              //设置 T0 方式 2，计数功能
    TH0=0xf6;              //送计数 10 的初值
    TL0=0xf6;
    IE=0x82;              //允许 T0 中断
    t=0;              //表示装好药丸的瓶数
    TR0=1;              //启动 T0 计数
    while(1);              //等待中断
    }
/*********************************************
     T0 中断服务程序
*********************************************/
void timer0(void)    interrupt 1 using 1
{
 unsigned char i,j;
 t=t+1;
 P2=tab[t];              //显示已经装好药丸的瓶数
 led=0;                      //灯亮
   for(i=0;i<200;i++)    //软件延时约 0.1s
     for(j=0;j<248;j++);
}
```

6.3.4　系统调试和仿真

在 μVision 调试环境中观察 Timer/Counter 窗口，在该窗口中选中 T0 Pin 复选框，如图 6-13 所示，即可模拟输入 T0 端口的脉冲。对于上面的程序而言，如果 20 次选中这个复选框，就形成了 20 次电平变化，也就是 10 个脉冲信号，这就使得标志位 TF0 为 1，继续执行单步运行，指针跳转到中断函数处继续执行中断服务程序。在 Timer/Counter 0 对话框

中还能看到其作定时器使用，在模式 2 下具有 8 位自动重新装载功能（2:8 Bit auto-reload）。

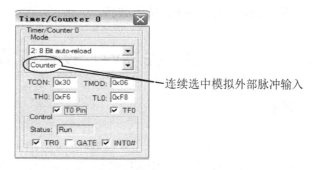

图 6-13　T0 观察窗口中的计数器操作

本程序调试窗口以及 I/O 端口显示对话框如图 6-14 所示，仿真效果图如图 6-15 所示。

图 6-14　程序调试窗口以及 I/O 端口显示对话框

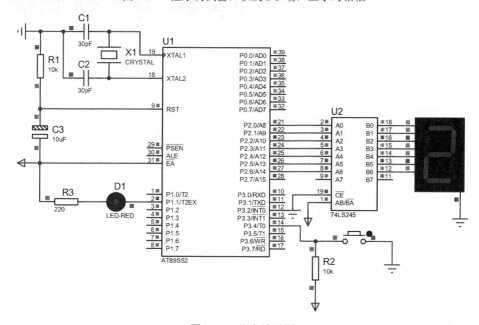

图 6-15　仿真效果图

程序设计好以后，经过调试编译生成 HEX 文件，打开装药丸生产线单片机控制电路，加载 HEX 文件，进行仿真运行，观察电路和程序是否与设计要求相符。可以观察到当按动按键 20 下时，表示两个药瓶已装满，数码管显示 2，同时灯亮，传送带电动机转动，传送带则运送下一个空瓶到漏斗下，准备装药。

6.4 任务四 设计简易时钟

6.4.1 需求分析

简易时钟的功能比较单一，采用 8 位数码管显示计时时间，如"23-59-57"表示 23 点 59 分 57 秒，时钟的计时功能依托 AT89C51 单片机的定时器实现。

6.4.2 电路设计

按照设计任务，该电路由 8 个 LED 数码管分别显示时、分、秒；其中，有 6 位数码管显示时、分和秒，还有 2 位数码管显示分隔符。同时，由于所用数码管较多，该电路采用数码管动态显示技术，电子钟电路设计如图 6-16 所示。这里选用 8 位共阳极数码管来显示时间。

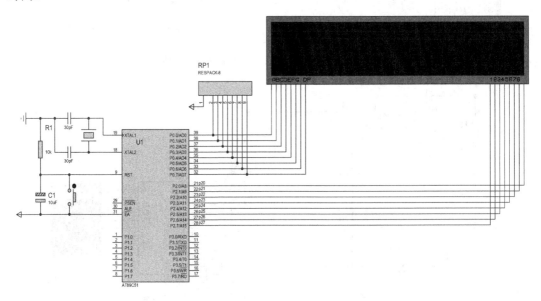

图 6-16 简易电子钟电路

6.4.3 程序设计

程序设计分析：程序开始运行时先初始化要显示的时间，然后显示时间的秒值，延时 5ms，然后显示时间的分值，延时 5ms，之后显示时间的小时值，延时 5ms，再显示时间之间的分隔符，延时 5ms，最后调整时间，再返回显示时间的秒值处，开始下一轮显示过程。主体程序结构框图如图 6-17 所示。

```c
#include <AT89X51.H>
#define uint unsigned int
#define uchar unsigned char
uint time_t;                        //毫秒统计值
uchar hour,min,sec;                 //数码管显示值，小时，分，秒
uchar code led[10]={0xc0,0xf9,0xa4,0xb0,0x99,0x92,0x82,0xf8,0x80,0x90};
void delay_1ms(uint x)
{
    TMOD=0x01;                      //开定时器 0，工作方式为 1
    TR0=1;                          //启动定时器 0
    while(x--)
    {
     TH0=0xfc;                      //装入初值的高 8 位
     TL0=0x18;                      //装入初值的低 8 位
     while(!TF0);                   //等待定时时间到，直到 TF0 为 1
     TF0=0;
     time_t++;                      //毫秒统计值自加 1
    }
    TR0=0;                          //停止定时
}
void display_num(uchar num,dis_w)
{
 uchar j;
 for(j=0;j<2;j++)
 {
  P0=0xff;                          //段选口置高，消影
  P2=dis_w;                         //装入位选值
  if(j>0)
  P0=led[num/10];                   //显示 num 个位
  else
  P0=led[num%10];                   //显示 num 十位
  dis_w=dis_w<<1;
  delay_1ms(5);                     //延时5ms
 }
}
void display_char()
{
 P0=0xff;
 P2=0x24;
 P0=0xBF;
 delay_1ms(5);
}
void time_take()
{
 if(time_t>=1000)                   //当总延时数为 1s 时
 {
  time_t=0;                         // time_t 清零
  sec++;                            //秒加 1
  if(sec==60)                       //当秒值等于 60 时
  {
```

```
    sec=0;                        //秒值清零
    min++;                        //分加 1
    if(min==60)                   //当分等于 60 时
      {
        min=0;                    //分清零
        hour++;                   //小时加 1
        if(hour==24)              //当小时等于 24 时
        hour=0;                   //小时清零
      }
  }
}
}
void main()
{
  sec=56;
  min=59;
  hour=23;                        //时间初始化
  while(1)
  {
    display_num(sec,0x01);        //显示秒
    display_num(min,0x08);        //显示分
    display_num(hour,0x40);       //显示小时
    display_char();               //显示分隔符 "-"
    time_take();                  //调用时间调整程序
  }
}
```

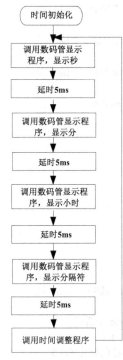

图 6-17　主体程序结构框图

138

6.4.4 系统调试和仿真

简易电子钟仿真结果效果图如图 6-18 所示。简易电子钟程序设计好以后，打开"简易电子钟"Proteus 电路，加载"简易电子钟.hex"文件。进行仿真运行，观察时、分、秒的显示规律是否与设计要求相符。简易电子钟仿真效果图如图 6-18 所示。

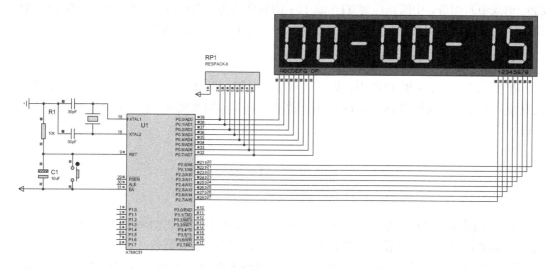

图 6-18　简易电子钟仿真效果图

关键知识点小结

1. 定时器/计数器

（1）AT89C51 单片机共有 3 个可编程的定时器/定时器，分别称为定时器 T0、T1 和 T2，其中 T0 和 T1 都是 16 位的加 1 计数器。

（2）定时器是对单片机的机器周期进行计数。

（3）计数器是对单片机的外部脉冲进行计数。

2. 定时器/计数器的工作方式

定时器/计数器有 4 种工作方式。方式 0 是 13 位计数器；方式 1 是 16 位计数器；方式 2 是自动重装初值的 8 位计数器；用方式 3 时，定时器 0 被分为两个独立的 8 位计数器，定时器 1 是无中断的计数器，此时定时器 1 一般用作串行口波特率发生器。

3. 定时器/计数器初始化步骤及初值计算

（1）确定定时器/计数器的工作方式，即确定方式控制字，并写入 TMOD。

（2）预置定时初值或计数初值，即根据定时时间或计数次数，计算定时初值或计数初值，并写入 TH0、TL0 或 TH1、TL1。

（3）根据需要开放定时器/计数器的中断，即给 IE 中的相关位赋值。

（4）启动定时器/计数器，即给 TCON 中的 TR1 或 TR0 置 1。

4. 定时器/计数器工作过程

当定时器/计数器 T0 或 T1 计数溢出时，由硬件对 TF0 或 TF1 置 1，在中断方式下向 CPU 请求中断服务，中断响应时 TF0 或 TF1 由硬件清零；也可以在不允许中断时查询 TF0 或 TF1 的状态，捕捉到计数溢出后，必须由软件对 TF0 或 TF1 进行清零。

5. INTRINS.H 头文件的应用

在单片机 C 语言程序设计中，如果遇到循环左移、循环右移等方面的编程问题，会感到麻烦。在这里可以利用 INTRINS.H 头文件中的有关函数来实现，就像使用汇编语言一样简便。

课 后 习 题

1. 利用定时器 T0 的方式 0，产生 10ms 的定时，已知系统时钟频率为 6MHz。请给出 TMOD 的值，计算出计数器的初值，并写出如何给 TH0、TL0 赋值。

2. 利用定时器/定时器 T1 的方式 1，产生 10ms 的定时，已知系统时钟频率为 6MHz，请给出 TMOD 的值，计算出计数器的初始值，并写出如何给 TH1、TL1 赋值。

3. 设 AT89C51 系统的晶振频率为 6MHz，要求用定时器 T0 方式 1，定时时间为 130ms，请写出 TMOD 的内容并计算计数寄存器初值。

4. 晶振频率为 6MHz，T0 工作在方式 1，最大定时时间等于多少？

5. 定时器/计数器有哪几种工作方式？各有什么特点？

6. 已知 AT89C51 时钟频率为 12MHz，试利用定时器编写程序，使 P1.0 输出一个占空比为 1/4 的脉冲波。

7. 已知单片机的时钟频率为 12MHz，当要求定时时间为 50ms 和 25ms 时，试编写定时器/计数器的初始化程序。

8. 试用定时器的定时功能实现延时 0.5s，完成单片机 P1 口的 8 个 LED 灯依次循环点亮。

项目七 模拟量输入/输出设计与实现

在单片机应用系统中，要对非电的物理量（温度、压力、流量、速度等）检测或者控制，必须由传感器将这些非电量转换为模拟电信号（电压或者电流），再转换为数字量，才能由单片机进行处理；同时，单片机发出的控制信号是数字量，也要相应地转换模拟量去驱动对应的模拟装置。

在本项目中，通过完成 5 个任务详细介绍模拟转换器与数模转换器，掌握 ADC0808/ADC0809、DAC0832 与单片机连接及编程的技巧。

 📖 任务一 认识 ADC0808/ADC0809 模数转换器
 📖 任务二 模数转换 LED 显示
 📖 任务三 数字电压表设计与实现
 📖 任务四 认识 DAC0832 数模转换器
 📖 任务五 锯齿波发生器设计与实现

7.1 任务一 认识 ADC0808/ADC0809 模数转换器

A/D 转换器（ADC）是一种将模拟信号转换成数字信号电路的器件。按转换原理可以分为 4 种：并行式 A/D 转换器、计数式 A/D 转换器、双积分式 A/D 转换器和逐次逼近式 A/D 转换器。

常见的 A/D 转换器有双积分式 A/D 转换器和逐次逼近式 A/D 转换器。双积分式 A/D 转换器的特点是转换精度高，抗干扰性能好，价格便宜，但转换速度较慢，一般用于对转换延迟时间要求不高的场合，逐次逼近式 A/D 转换器的转换速度较快、转换精度较高，其转换时间大约在几微秒和几百微秒之间，由于其精度、速度和价格比较适中，是目前最常用的 A/D 转换器。

单片集成逐次比较型 A/D 转换器芯片主要有 ADC0801～ADC0805（8 位，单输入通道），ADC0808/ADC0809（8 位，8 输入通道），ADC0816/ADC0817（8 位，16 输入通道）等。

下面以 ADC0808/ADC0809 为例介绍其特性，ADC0808/ADC0809 是美国国家半导体公司生产的 A/D 转换器。主要特性如下：

（1）8 路输入通道，8 位 A/D 转换器，即分辨率为 8 位。

（2）具有转换启停控制端。

（3）转换时间为 100μs。

（4）单个+5V 电源供电。

（5）模拟输入电压范围为 0～+5V，不需零点和满刻度校准。

（6）工作温度范围为-40～85 摄氏度。

（7）低功耗，约 15mW。

7.1.1　ADC0808/ADC0809 结构及引脚

1. ADC0808/ADC0809 内部逻辑结构

ADC0808/ADC0809 的内部结构如图 7-1 所示。主要由输入通道、逐次逼近式 A/D 转换器和三态输出锁存器组成。

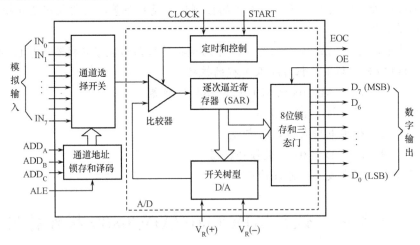

图 7-1　ADC0808/ADC0809 内部结构框图

（1）输入通道包括 8 路模拟量开关和地址译码电路。8 路模拟量开关分时选通 8 路模拟通道，由地址锁存与译码电路的 3 个输入 A、B、C 来确定选择哪一个通道，通道选择如表 7-1 所示。

表 7-1　通道选择表

地址 CBA	选 中 通 道
000	IN_0
001	IN_1
010	IN_2
011	IN_3
100	IN_4
101	IN_5
110	IN_6
11	IN_7

（2）8 路模拟量输入通道共同使用一个逐次比较式 A/D 转换器进行转换，在同一时刻只能对采集的 8 路模拟量其中的一个通道进行转换。

（3）转换后的 8 位数字量被锁存到三态输出锁存器中，在输出允许的情况下，可以从 8 个通道的数据线 $D_0 \sim D_7$ 上读出。

2. 引脚功能

ADC0808/ADC0809 外部引脚图如图 7-2 所示。

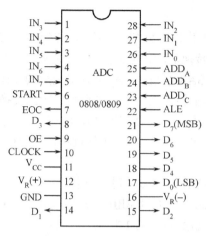

图 7-2 ADC0808/ADC0809 外部引脚图

各引脚功能如下。

（1）$IN_0 \sim IN_7$：8 路模拟输入，通过 3 根地址译码线 ADD_A、ADD_B、ADD_C 来选通一路。

（2）$D_7 \sim D_0$：A/D 转换后的数据输出端，为三态可控输出，故可直接和微处理器数据线连接。8 位排列顺序是 D_7 为最高位，D_0 为最低位。

（3）ADD_A、ADD_B、ADD_C：模拟通道选择地址信号，ADD_A 为低位，ADD_C 为高位。地址信号与选中通道对应关系如表 7-1 所示。

（4）V_R（+）、V_R（-）：正、负参考电压输入端，用于提供片内 DAC 电阻网络的基准电压。在单极性输入时，V_R（+）=5V，V_R（-）=0V；双极性输入时，V_R（+）、V_R（-）分别接正、负极性的参考电压。

（5）ALE：地址锁存允许信号，高电平有效。当此信号有效时，A、B、C 三位地址信号被锁存，译码选通对应模拟通道。在使用时，该信号常和 START 信号连在一起，以便同时锁存通道地址和启动 A/D 转换。

（6）START：A/D 转换启动信号，正脉冲有效。加于该端的脉冲的上升沿使逐次逼近寄存器清零，下降沿开始 A/D 转换。如正在进行转换时又接到新的启动脉冲，则原来的转换进程被中止，重新从头开始转换。

（7）EOC：转换结束信号，高电平有效。该信号在 A/D 转换过程中为低电平，其余时间为高电平。该信号可作为被 CPU 查询的状态信号，也可作为对 CPU 的中断请求信号。在需要对某个模拟量不断采样、转换的情况下，EOC 也可作为启动信号反馈接到 START 端，但在刚加电时需由外电路第一次启动。

（8）OE：输出允许信号，高电平有效。当微处理器送出该信号时，ADC0808/ADC0809 的输出三态门被打开，使转换结果通过数据总线被读取。在中断工作方式下，该信号一般是 CPU 发出的中断请求响应信号。

7.1.2 ADC0808/ADC0809 工作过程及编程方法

1. 工程过程

ADC0808/ADC0809 的工作过程如图 7-3 所示。首先输入 3 位地址，并使 ALE=1，此时地址便马上被锁存，这时转换启动信号紧随 ALE 之后（或与 ALE 同时）出现。START 的上升沿将逐次逼近寄存器 SAR 复位，在该上升沿之后的 2μs 加 8 个时钟周期的时间内，EOC 信号将变低电平，以指示转换操作正在进行中，直到转换完成后 EOC 再变高电平，CPU 收到变为高电平的 EOC 信号后，便立即送出 OE 信号，打开三态门，将转换结果输出到数据总线上。根据 ADC0808/ADC0809 的工作过程，单片机与 A/D 转换器接口程序设计主要有以下 4 个步骤：

（1）启动 A/D 转换，START 引脚得到下降沿。

（2）查询 EOC 引脚状态，EOC 引脚由 0 变 1，表示 A/D 转换过程结束。

（3）允许读数，将 OE 引脚设置为 1 状态。

（4）读取 A/D 转换结构。

例如：

```
START=0;
START=1;          //启动 A/D 转换
START=0;
while(EOC==0);    //等待 A/D 转换结束
OE=1;             //数据输出允许
temp=P0;          //读取 A/D 转换结果
```

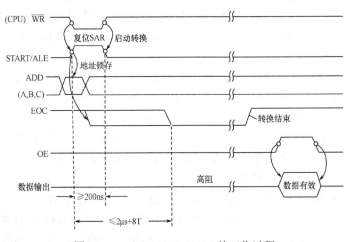

图 7-3 ADC0808/ADC0809 的工作过程

2. 转换完成确认和数据传送编程方法

ADC0809 与单片机的数据传送有 3 种方式，分别为查询方式、中断方式和等待延时方式。采用这 3 种方式的关键是如何确认 A/D 是否转换结束。

（1）等待延时方式。对于一种 A/D 转换器来说，转换时间基本是已知固定的，例如，若 ADC0809 转换时间为 128μs，相当于 12MHz 的 MCS-51 单片机共 128 个机器周期。可据此设计一个延时程序，A/D 转换启动后即调用这个延时程序，延迟时间到后，即可进行数据传送。

（2）查询方式。A/D 转换芯片有标明转换完成的状态信号，ADC0809 的 EOC 端就是转换结束指示引脚。可通过软件测试 EOC 的状态来确定是否转换完成。

（3）中断方式。把表明转换完成的状态信号 EOC 作为中断请求信号，将 EOC 经反相器后送到单片机的外部中断 0 或者外部中断 1，以中断的方式进行数据传送。

7.2 任务二 模数转换 LED 显示

单片机能够将模拟量转换为数字量，数字量可以由单片机的 I/O 进行输出，本任务采用 LED 灯来显示经单片机转换后输出的数字量，通过设计 LED 显示模拟转换的数据来是使读者掌握其编程技巧。

7.2.1 需求分析

要求使用电位器来产生模拟信号，用 ADC0808/ADC0809 模数转换器将电位器的模拟电压转换为数字量，并把转换的结果送给 8 个 LED 数码管显示（即二进制数显示）。

7.2.2 电路设计

模数转换电路是通过 ADC0808/ADC0809 对电位器上的电压进行采集，并根据所采集电压大小来控制与 P1 口相连的 8 只发光二极管的亮灭。每只发光二极管亮代表二进制的 1、灭代表二进制的 0。通过发光二极管所表示的二进制数来反映电位器上分压的高低。

如图 7-4 所示，模数转换 LED 显示由单片机最小应用系统和 8 个 LED 电路与模数转换电路 ADC0808 及电位器 RV1 构成。

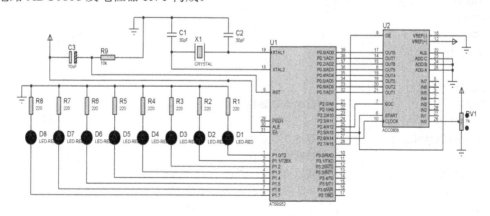

图 7-4 模数转换 LED 电路

8 个 LED 采用共阴极接法，LED 的阴极通过 220Ω 限流电阻后连接到地线上，限流电阻在这里起到限流的作用，使通过 LED 的电流被限制在几十毫安左右。P1 口接在 LED 的阴极，P1 口的引脚输出低电平时对应 LED 灯亮，输出高电平对应的 LED 灭。ADC0808 的 8 个输入端全部接地，表明 IN0 通道被选中。采集并转换后的数字信号通过 P0 口送给单片机进行处理，并控制 LED 的亮灭。

运行 Proteus 软件，新建"模数转换 LED 电路"设计文件。按照图 7-4 所示放置并编辑 AT89S52、CRYSTAL、CAP、CAP-ELEC、RES、POT-HG、74LS21、LED-RED 和 ADC0808 等元器件。完成模数转换 LED 电路设计后，进行电气规则检查。

7.2.3 程序设计

在 ADC0808 的 START 端的上升沿时将模数转换器复位；当下降沿到来时启动 A/D 转换，之后 EOC 输出信号变低，指示转换正在进行，直到 A/D 转换完成；当 P2.4 检测到 EOC 变为高电平后，表明 A/D 转换结束，此时通过 P2.7 将 OE 端置 1，使 ADC0808 输出三态门打开，通过单片机的 P0 口即可读出转换结果；最后送到 P1 口控制 LED 的亮灭。

模数转换 LED 显示的程序设计如下：

```
include<AT89X52.H>
#include <INTRINS.H>
sbit    EOC=P2^4;          //定义 ADC0808/ADC0809 转换结束信号
sbit    START=P2^5;        //定义 ADC0808/ADC0809 启动转换命令
sbit    CLOCK=P2^6;        //定义 ADC0808/ADC0809 时钟脉冲输入位
sbit    OE=P2^7;           //定义 ADC0808/ADC0809 数据输出允许位
unsigned char temp;
void main(void)
{
TMOD=0x02;
TH0=14;
TL0=14;
EA=1;
ET0=1;
TR0=1;
while(1)
{
START=0;
START=1;                   //启动 A/D 转换
START=0;
while(EOC==0);             //等待 A/D 转换结束
OE=1;                      //数据输出允许
temp=P0;                   //读取 A/D 转换结果
P1=temp;                   //A/D 转换结果送 LED 显示
_nop_();
_nop_();
```

```
}
}
void t0(void) interrupt 1 using 0
{
    CLOCK=~CLOCK;          //产生 ADC0808/ADC0809 时钟脉冲信号
}
```

7.2.4　系统调试和仿真

模数转换 LED 显示电路程序设计好之后，打开"模数转换 LED 显示电路"Proteus 电路，加载程序编译后生成的"模数转换 LED 显示电路.hex"文件。进行仿真运行，如图 7-5 所示，当电位器的中间触头处于中间位置时，D1～D7 发光二极管变亮，即表示的值为 127，约为 255 的一半，符合仿真的结果，另外可以观察 LED 随电位器触头移动，LED 显示的二进制大小是否符合设计要求。

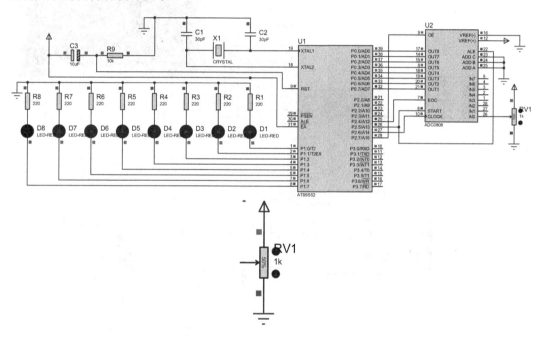

图 7-5　模数转换 LED 电路仿真结果

7.3　任务三　数字电压表设计与实现

数字电压表用途广泛，采用单片机设计的数字电压表转换后输出数字量，并由 LED 数码管进行显示。通过本任务的学习，使读者掌握 A/D 转换、LED 数码显示功能，重点掌握 LED 动态显示的编程技巧。

7.3.1 需求分析

要求使用 AT89C52 单片机，采用动态显示的方式，把 8 通道模数转换器 ADC0808 采样的电压值的大小经单片机处理后由数码管显示出来，量程为 0～5V，显示格式为 X.XXX.。

7.3.2 电路设计

根据任务需求，数字电压表电路由单片机最小系统、数码管及 ADC0808 组成，如图 7-6 所示。这里要求显示 4 位数据，一次数码管采用了较节省 I/O 口线的动态显示方式。P0 口接共阴极数码管的字符端，P0 口还需上拉电阻确保 I/O 工作正常；P2 口的低 4 位控制数码管的公共端、数码管亮灭的顺序。

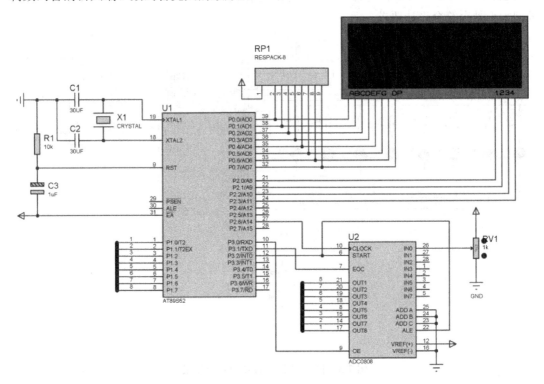

图 7-6　数字电压表电路

因本电路使用了 ADC0808 的 IN0 通道，故其 ADDA、ADDB 和 ADDC 的引脚全部要接地，转换后的数字量通过 OUT1～OUT8 引脚送至单片机的 P1 口，单片机处理后再送到 P0 口给 LED 数码管显示。

运行 Proteus 软件，新建"数字电压表电路键盘"设计文件。按照图 7-6 所示放置并编辑 AT89S52、CRYSTAL、CAP、CAP-ELEC、RES、POT-HG、74LS21、7SEG-MPX4-BLUE 和 ADC0808 等元器件。完成数字电压表电路键盘设计后，进行电气规则检查。

7.3.3　程序设计

1. 电压表显示电压值分析

由于本次电路采用的是七段数码管的动态显示，需要将显示的数字（0，1，2，3，4，5，6，7，8，9）与其共阴极代码一一对应，采用数组可以完成，按照动态数码显示规律编程即可。

电路中模数转换采用的是 8 位的 ADC0808，因此分辨率为 5×1/28V，即 19.6mV，为了得到各位显示的数字大小，采用了除法与取余数相结合的计算方法。计算方法如下：

```
dat[3] =tmp/10000;              //最高位
dat[2] =tmp/10000%10；
dat[1] =tmp/100%10；
dat[0] =tmp/10%10；             //最低位
```

2. 数字电压表控制程序

数字电压表控制程序如下：

```
#include <AT89X52.H>
sbit OE=P3^0;                   //ADC0808 的 OE 端
sbit EOC=P3^1;                  //ADC0808 的 EOC 端
sbit CLOCK=P2^6;
sbit ST=P3^2;                   //ADC0808 的 START 和 ALE 端
sbit LED4=P2^3;
sbit LED3=P2^2;
sbit LED2=P2^1;
sbit LED1=P2^0;
unsigned char code tab[]={0x3F,0x06,0x5B,0x4F,0x66,0x6D,0x7D,0x07, 0x7F,0x6F,0x77, 0x7C};
unsigned char dat[]={0,0,0,0};      //显示缓冲区
unsigned char adc;                  //存放转换后的数据
unsigned int tmp;
//unsigned char hour = 0;
//unsigned char minute = 0;
//unsigned char second = 0;
//unsigned char irq_count=0;          //中断计数
void Delay(void)
{
  unsigned char i;
    for(i=0;i<250;i++);
}
void main(void)
{
  EA=1; ET0=1;
  TMOD=0x02;                        //T0 方式 2 计时
  TH0=0x01;                         //晶振：12MHz
```

```
    TL0=0x01;                              //晶振：12MHz
    TR0=1;                                 //开中断，启动定时器
    //ADC0808 转换
    while(1)
    {
      ST=0;
      ST=1;
      ST=0;                                //启动转换
      while(!EOC);                         //等待转换结束
      OE=1;                                //允许输出
      adc=P1;                              //取转换结果
      //数据处理，以备显示
      tmp=adc*196;                         //乘以 19.6mV
      dat[3]=tmp/10000;
      dat[2]=tmp/1000%10;
      dat[1]=tmp/100%10;
      dat[0]=tmp/10%10;
      //数码管显示转换结果
      LED1=0;
      P0=tab[dat[3]]+0x80;
      Delay();
      LED1=1;
      LED2=0;
      P0=tab[dat[2]];
      Delay();
      LED2=1;
      LED3=0;
      P0=tab[dat[1]];
      Delay();
      LED3=1;
      LED4=0;
      P0=tab[dat[0]];
      Delay();
      LED4=1;
    }   //end while
}       //end main
/* 定时计数器 0 的中断服务子程序 */
void timer0(void)   interrupt 1 using 1    //50ms 中断一次
{
    CLOCK=~CLOCK;
}
```

7.3.4 系统调试和仿真

数字电压表设计好了以后，打开"数字电压表电路"。加载程序编译后生成的"数字电

150

压表电路.hex"文件，进行仿真运行，如图 7-7 所示。当滑动变阻器中间触头置于中间位置时，电压表显示的电压值为 2.489V，仿真结果符合设计要求，然后观察电位器在其他位置时，数码管显示的数据与 ADC0808 反映的模拟电压是否相同。

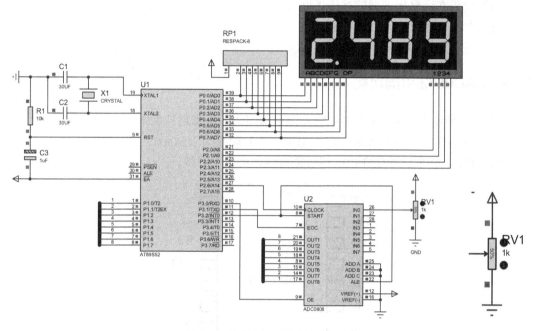

图 7-7　数字电压表电路仿真结果

7.4　任务四　认识 DAC0832 数模转换器

D/A 转换器是一种将数字信号转换为模拟信号的器件，输出的信号有直流电压和直流电流两种，D/A 转换器常常用于过程控制计算机系统的输出通道，与执行器相连，实现对生产过程的自动控制。由于实现 D/A 转换器的电路结构与工艺技术有所不同，因此不同的 D/A 转换器的转换精度、转换速度、分辨率和使用价值各具特色。

D/A 转换器一般由电阻网络、运算放大器、基准电源和模拟开关 4 个部分组成。电阻网络分为加权电阻网络和 R-2R 电阻网络，这两种电阻在数字电子技术中有详细介绍，本书在此不作详细介绍，读者可查阅相关书籍。

7.4.1　DAC0832 的主要特性

DAC0832 是采用 CMOS 工艺制成的单片直流输出型，采样频率为 8 位的 D/A 转换集成芯片，由 8 位输入锁存器、8 位 DAC 寄存器、8 位 D/A 转换电路及转换控制电路构成。DAC0832 以其价格低廉、接口简单、转换控制容易等优点，在单片机应用系统中得到广泛的应用。其主要特性如下：

（1）D/A 转换分辨率为 8 位。

（2）电流稳定时间 1μs。

（3）可单缓冲、双缓冲或直接数字输入。

（4）只需在满量程下调整其线性度。

（5）单一电源供电（+5～+15V）。

（6）低功耗，20mW。

7.4.2　DAC0832 引脚功能

如图 7-8 所示为 DAC0832 芯片的外部引脚图。各引脚功能如下。

（1）D_0～D_7：数据输入线，TLL 电平有效时间应大于 90ns。

（2）ILE：数据锁存允许控制信号输入线，高电平有效。

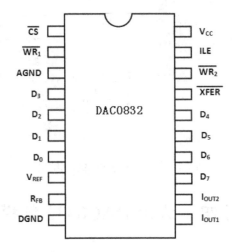

图 7-8　DAC0832 外部引脚图

（3）$\overline{CS}$：片选信号输入线，低电平有效。

（4）$\overline{WR_1}$：为输入寄存器的写选通输入线，负脉冲（脉宽应大于 500ns）有效。由 ILE、$\overline{CS}$、$\overline{WR_1}$ 的逻辑组合产生 $\overline{LE_1}$，当 $\overline{LE_1}$ 为高电平时，数据锁存器状态随输入数据线变换，$\overline{LE_1}$ 的负跳变时将输入数据锁存。

（5）$\overline{XFER}$：数据传送控制信号输入线，低电平有效。

（6）$\overline{WR_2}$：为 DAC 寄存器写选通输入线。

（7）I_{OUT1}：电流输出线，当输入全为 1 时 I_{OUT1} 最大。

（8）I_{OUT2}：电流输出线，其值与 I_{OUT1} 之和为一常数。

（9）R_{FB}：反馈信号输入线，芯片内部有反馈电阻。

（10）V_{CC}：电源输入线（+5～+15V）。

（11）V_{REF}：基准电压输入线（-10～+10V）。

（12）AGND：模拟地，模拟信号和基准电源的参考地。

（13）DGND：数字地，两种地线在基准电源处共地比较好。

（14）D/A 转换结果采用电流形式输出。若需要相应的模拟电压信号，可通过一个高输入阻抗的线性运算放大器实现。运放的反馈电阻可通过 RFB 端引用片内固有电阻，也可外接。DAC0832 逻辑输入满足 TTL 电平，可直接与 TTL 电路或微机电路连接。

7.4.3　DAC0832 工作方式

DAC0832 芯片内有两级输入寄存器，使 DAC0832 芯片具备双缓冲、单缓冲和直通 3 种输入方式，以便适于各种电路的需要（如要求多路 D/A 异步输入、同步转换等）。

如图 7-9 所示为 DAC0832 的内部结构，在其中进行 D/A 转换，可以采用两种方法对数据进行锁存。第一种方法是使输入寄存器工作在锁存状态，而 DAC 寄存器工作在直通状态。具体地说，就是使 $\overline{WR2}$ 和 $\overline{XFER}$ 都为低电平，DAC 寄存器的锁存选通端得不到有效的低电平而直通；此外，使输入寄存器的控制信号 ILE 处于高电平、$\overline{CS}$ 处于低电平，这样，当 $\overline{WR1}$ 端来一个负脉冲时，就可以完成一次转换。

第二种方法是使输入寄存器工作在直通状态，而 DAC 寄存器工作在锁存状态。就是使 $\overline{WR1}$ 和 $\overline{CS}$ 为低电平，ILE 为高电平，这样，输入寄存器的锁存选通信号处于无效状态而直通；当 $\overline{WR2}$ 和 $\overline{XFER}$ 端输入一个负脉冲时，使得 DAC 寄存器工作在锁存状态，提供锁存数据进行转换。

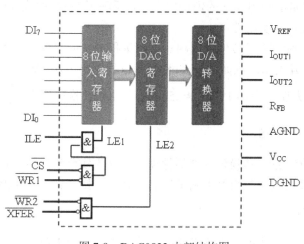

图 7-9　DAC0832 内部结构图

根据上述对 DAC0832 的输入寄存器和 DAC 寄存器不同的控制方法，DAC0832 有如下 3 种工作方式：

（1）单缓冲方式。单缓冲方式是控制输入寄存器和 DAC 寄存器同时接收数据，或者只用输入寄存器而把 DAC 寄存器接成直通方式。此方式适用只有一路模拟量输出或几路模拟量异步输出的情形。

（2）双缓冲方式。双缓冲方式是先使输入寄存器接收数据，再控制输入寄存器的输出数据到 DAC 寄存器，即分两次锁存输入数据。此方式适用于多个 D/A 转换同步输出的情形。

（3）直通方式。直通方式是输入数据不经两级锁存器锁存，即 $\overline{CS}$、$\overline{XFER}$、$\overline{WR1}$ 和 $\overline{WR2}$ 均接地，ILE 接高电平。此方式适用于连续反馈控制线路和不带微机的控制系统，不过在使用时，必须通过另外 I/O 接口与 CPU 连接，以匹配 CPU 与 D/A 转换。

7.4.4　DAC 转换器的性能参数

在实现 D/A 转换时，主要涉及的性能参数如下：

（1）分辨率。分辨率是指最小输出电压（对应于输入数字量最低位增 1 所引起的输出电压增量）和最大输出电压（对应于输入有效数据位全为 1 时的输出电压）之比。

例如，4 位 DAC 的分辨率为 1/(24-1)=1/23=4.35%（分辨率也常用百分比表示）。8 位 DAC 的分辨率为 1/255=0.39%。显然，位数越多，分辨率越高。

（2）转换精度。如果不考虑 D/A 转换的误差，DAC 转换精度就是分辨率的大小，因此，要获得高精度的 D/A 转换结果，首先要选择有足够高分辨率的 DAC。

D/A 转换精度分为绝对和相对转换精度，一般是用误差大小表示。DAC 的转换误差包括零点误差、漂移误差、增益误差、噪声和线性误差、微分线性误差等综合误差。

绝对转换精度是指满刻度数字量输入时，模拟量输出接近理论值的程度。它和标准电源的精度、权电阻的精度有关。相对转换精度指在满刻度已经校准的前提下，整个刻度范围内，对应任一模拟量的输出与它的理论值之差，反映了 DAC 的线性度。通常，相对转换精度比绝对转换精度更有实用性。

相对转换精度一般用绝对转换精度相对于满量程输出的百分数来表示，有时也用最低位（LSB）的几分之几表示。例如，设 VFS 为满量程输出电压 5V，n 位 DAC 的相对转换精度为±0.1%，则最大误差为±0.1%VFS=±5mV；若相对转换精度为 $\pm\frac{1}{2}$LSB，LSB=$\frac{1}{2n}$，则最大相对误差为 $\pm\frac{1}{2n}+1$VFS。

（3）非线性误差。D/A 转换器的非线性误差定义为实际转换特性曲线与理想特性曲线之间的最大偏差，并以该偏差相对于满量程的百分数度量。转换器电路设计一般要求非线性误差不大于 $\pm\frac{1}{2}$LSB。

（4）转换速率/建立时间。转换速率实际是由建立时间来反映的。建立时间是指数字量为满刻度值（各位全为 1）时，DAC 的模拟输出电压达到某个规定值（例如，90%满量程或 $\pm\frac{1}{2}$LSB 满量程）时所需要的时间。

建立时间是 D/A 转换速率快慢的一个重要参数。很显然，建立时间值越大，转换速率越低。不同型号 DAC 的建立时间一般从几毫微秒到几微秒不等。若输出形式是电流，DAC 的建立时间是很短的；若输出形式是电压，DAC 的建立时间主要是输出运算放大器所需要的响应时间。

7.5　任务五　锯齿波发生器设计与实现

7.5.1　需求分析

要求使用 AT89C52 单片机及数模转换器 DAC0832 设计一个产生锯齿波的电路系统。

7.5.2　电路设计

采用 AT89C52 单片机的 P0 口和 P2 口与 DAC0832 连接，ILE 接高电平、$\overline{\text{XFER}}$ 和 $\overline{\text{WR2}}$ 接地，$\overline{\text{CS}}$ 接 AT89C52 的 P2.7、$\overline{\text{WR1}}$ 接 P3.6。在这种情况下只有 $\overline{\text{CS}}$ 和 $\overline{\text{WR1}}$ 可以由单片机控制，DAC0832 工作于单缓冲连接方式。

由于 DAC0832 是电流输出型器件，采用两级集成放大器，集成运放的作用是将数模芯片输出的电流转化为电压，锯齿波信号随时间变化而上升，当达到最大值后又从 0 开始上升，周而复始。

运行 Proteus 软件，新建"锯齿波发生电路"设计文件。按照图 7-10 所示放置并编辑 AT89C52、CRYSTAL、CAP、CAP-ELEC、RES、DAC0832 和 LM324 等元器件。完成锯齿波信号发生器电路，进行电气规则检查。

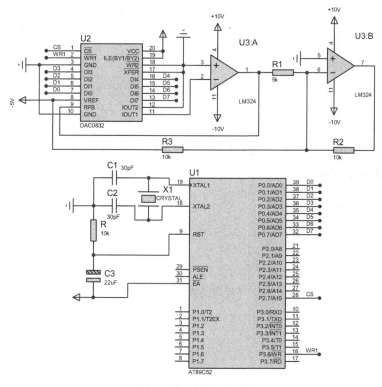

图 7-10　锯齿波发生器电路

7.5.3　软件设计

（1）锯齿波产生的原理。

根据锯齿波的特点（按照一定的斜率线性上升，当值达到最大又重新开始），当每隔一定的时间将送给 DAC0832 的二进制数据加 1，当设定值达到最大后，送给 DAC0832 的值又从 0 开始。这样就可以使锯齿波电路输出一个周期性的锯齿波。

（2）间隔的时间可采用定时器进行定时，在 T0 方式 1、晶振 12MHz 的条件下，定时的初值为 $X=2^{16}-1\times10^3/T_{机}=65536-1000=FC18H$，即 TL0=18H，TH0=FCH。

（3）锯齿波信号发生器程序如下：

```c
#include <ABSACC.H>
#include <AT89X52.H>
#define uchar unsigned char
#define uint unsigned int
#define dac0832 XBYTE[0x7fff]
delay()
{
  TH0=0xfc;
  TL0=0x18;
  TR0=1;
  while(!TF0);
  TF0=0;
}
main()
{
  uchar i;
  TMOD=0x01;
  while(1)
  {
    for(i=0;i<=255;i++)
    {
      dac0832=i;
        delay();
    }
  }
}
void Delay()                    //延时函数
{
  unsigned char i, j;
      for (i=0;i<255;i++)
          for (j=0;j<255;j++);
}
```

7.5.4　系统调试和仿真

锯齿波发生器电路设计好后，打开"锯齿波发生器电路"。加载程序编译后生成的"锯齿波发生器电路.hex"文件。进行仿真运行，用示波器观察 LM324 的 7 脚的信号时，示波器显示的波形如图 7-11 所示。

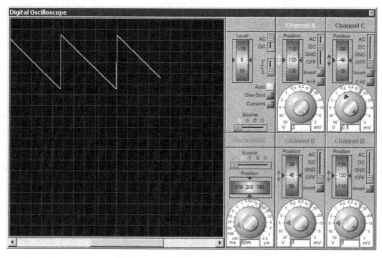

图 7-11　锯齿波发生器电路仿真结果

关键知识点小结

1. A/D 转换和 D/A 转换

A/D 转换是将模拟信号转换成数字信号送给单片机对其进行处理；D/A 转换就是把单片机输出的数字信号转换成模拟信号来驱动外部器件。

2. 模数转换 ADC0809 的工作步骤

（1）启动 A/D 转换，START 引脚得到下降沿。

（2）查询 EOC 引脚状态，EOC 引脚由 0 变 1，表示 A/D 转换过程结束。

（3）允许读数，将 OE 引脚设置为 1 状态。

（4）读取 A/D 转换结果。

3. 模数转换 ADC0809 的接口方式

（1）查询方式。

（2）中断方式。

（3）等待延迟方式。

4．数模转换 DAC0832

（1）直通方式。
（2）单缓冲方式。
（3）双缓冲方式。

课 后 习 题

1．A/D 和 D/A 转换器的作用是什么？分别使用在什么场合？

2．MCS-51 单片机中断系统有几个中断源？分别是什么？其中断入口地址分别是多少？

3．外部中断有哪两种触发方式？对触发脉冲或电平有什么要求？如何选择和设定？

4．DAC0832 和 MCS-51 接口有哪 3 种工作方式？各有什么特点？适合在什么场合下使用？

5．编程实现 1KHz 的方波和三角波。

项目八   单片机串行通信设计与实现

随着计算机网络化和分级分布式应用系统的发展，通信的功能越来越重要，在通信领域内，数据通信中按每次传送的数据位数，通信方式可分为并行通信和串行通信。其中，串行通信（Serial Communication）是指外设和计算机间通过数据信号线、地线、控制线等按位进行传输数据的一种通信方式。这种通信方式使用的数据线少，在远距离通信中可以节约通信成本，但其传输速度比并行传输低。

在本项目中，通过完成6个任务详细介绍单片机串行通信的原理与应用。

  📖 任务一 初识串行通信
  📖 任务二 认识 AT89S52 单片机串行口
  📖 任务三 使用 AT89S52 串行口——串行口工作方式 0
  📖 任务四 使用 AT89S52 串行口——串行口工作方式 1
  📖 任务五 使用 AT89S52 串行口——串行口工作方式 3
  📖 任务六 双机串行通信的实现

8.1 任务一 初识串行通信

8.1.1 串行通信基础知识

本节将介绍串行通信的基本概念，通过学习能够掌握串行通信的方式、种类及波特率等知识。

1. 通信的概念

广义上说，两个以上智能体之间的信息交换的过程就是"通信"。强调"智能"的原因是通信的实体必须能理解通信内容的含义。

2. 信息传送的方式

（1）并行通信。两个通信设备一次交换多个比特的数据的通信方式。其传输的速率用每秒钟传送的字节数表示（b/s）。其特点是通信速率高，缺点是通信线路多，因为每一比特的数据都要有一条数据线与之对应，不适用于远程通信，如图 8-1 所示。并行传输的一个例子是并行接口打印机。

（2）串行通信。所传送数据的各位按顺序逐位发送或接收。如图 8-2 所示表示同样的数据进行串行通信，只需要一条数据线，在最初传递的是 D0 位，然后是 D1 位……最后传递 D7 位，这种方式的特点是传输速度慢，但因数据传输线少，线路结构简单、抗干扰能力强，特别适用于远距离通信。

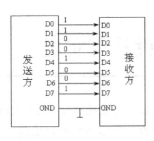

图 8-1　并行通信

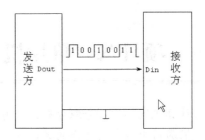

图 8-2　串行通信

3．数据通信方向

串行通信有单工通信、半双工通信和全双工通信 3 种方式，如图 8-3 所示。

（1）单工通信：数据只能单方向地从一端向另一端传送。

（2）半双工通信：数据可以双向传送，但任一时刻只能向一个方向传送，即分时双向传送数据。

（3）全双工通信：数据可同时向两个方向传送，全双工通信效率最高，适用于计算机之间的通信。

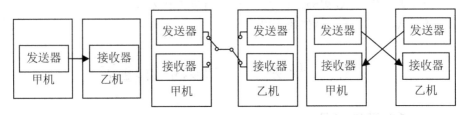

图 8-3　3 种通信方式

4．同步串行通信和异步串行通信

串行通信又分为同步串行通信、异步串行通信两类。

（1）同步串行通信

在同步串行通信中，发送器和接收器由同一个时钟控制，发送方在这个时钟的控制下逐位发送数据，接收方在这个时钟的控制下逐位接收数据，由此实现收发双方的严格同步；发送端在发送数据之前，首先发送 1～2 个字节的同步字符，接收方一旦检测到规定的同步字符就开始接收，发送方接着连续按顺序传送 n 个字节的数据。当 n 个字节的数据发送完毕，发送校验码，如图 8-4 所示为双同步字符帧结构。

图 8-4　双同步字符帧

（2）异步串行通信

与同步串行通信不同，异步串行通信时收发双方字符和位都不存在严格的时序关系。

其特点是：数据或字符逐帧传送，每一帧的传送由起始位开始，以停止位结束。接收方通过对起始位和停止位的检测与发送方同步，因此也称为起止式异步通信，如图8-5所示。

异步串行通信中，发送方和接收方有各自的时钟，一帧传输一个字符。每帧由起始位（规定为0电平）、数据位（5～8位）、奇偶校验位、停止位（规定为1电平）组成，起止位的作用是使通信双方同步。

图8-5 异步通信的字符帧

总之，异步串行通信的线路比较简单，但是每一帧中的位数比较少，而且还要有起始位、终止位等用于同步的位，所以传送的效率不高、速度比较慢。同步方式在数据传送时省去了起始位和停止位，一帧可以连续传送若干个字节，所以其速度高于异步传送，但对硬件结构要求较高。串行通信两种方式的不同之处如表8-1所示。

表8-1 同步串行通信与异步串行通信方式的比较

方式内容	信息传送方式	串行时钟	同步依据
同步方式	连续	共用一个	同步信号
异步方式	以帧为单位间断	各自独立时钟	起、止信号

5. 波特率

波特率是通信中对数据传送速率的规定，指每秒传送二进制数据的位数，单位为位/秒（bit/s）。波特率是表明传输速度的标准，国际上规定的一个标准的波特率系列是110，300，600，1200，1800，2400，4800，9600，19200。异步串行通信允许发送方和接收方的时钟误差或波特率误差在2%～3%。

例如，在某异步串行通信中，每传送一个字符需要10位（1位起始位、8个数据位、1位停止位），如果采用波特率为9600波特进行串行通信，则每秒可以传送960个字符。在串行通信中，收、发双方必须按照同样的速率进行串行通信，即收发双方采用相同的波特率。

8.2 任务二 认识AT89S52单片机串行口

本任务将详细介绍单片机的串行口结构，包括各种寄存器（发送、接收寄存器SBUF、串行口控制寄存器SCON、PCON寄存器等），然后介绍单片机的4种串行口工作方式，分别是方式0、方式1、方式2及方式3。接着，针对上述4种不同的工作方式，介绍对应的波特率设置情况。

8.2.1 单片机串行口结构

AT89S52 单片机的串行口是一个可编程的全双工异步通信接口，通过软件编程可作为通用异步接收/发送器 UART，也可以通过外接移位寄存器后扩展并行 I/O 口，其帧格式有 8 位、10 位、11 位，可以设置固定波特率和可变波特率，使用灵活方便。

串行接口主要由发送数据缓冲器、发送控制器、输出控制门、接收数据缓冲器、接收控制器、输入移位寄存器、波特率发生器 T1 等组成。串行口的结构如图 8-6 所示。

串行口中还有两个特殊功能寄存器 SCON、PCON，特殊功能寄存器 SCON 用来存放串行口的控制和状态信息。定时器/计数器 1（T1）与定时器/计数器 2（T2）都可构成串行口的波特率发生器，其波特率是否增倍可由特殊功能寄存器 PCON 的最高位控制。

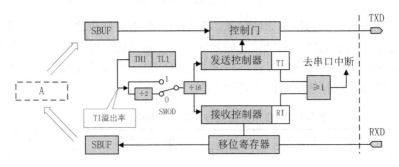

图 8-6　串行口的结构

1．发送、接收寄存器 SBUF

MCS-51 单片机的串行口内部有两个物理上相互独立的数据缓冲器 SBUF，发送 SBUF 和接收 SBUF 共用一个地址 99H，前者只能写不能读，后者只能读不能写；一个串行口控制寄存器 SCON，用来选择串行口的工作方式，控制数据的收发，记录串行口的工作状态。当串行口接收数据时，外界的串行数据通过 RXD 引脚进入串行口的接收 SBUF，供 CPU 读取；发送数据时，CPU 将数据写入发送 SBUF，然后通过 TXD 引脚发送到线路上。

2．串行口控制寄存器 SCON

SCON 用于串行数据通信的控制，其地址为 98H，是一个可位寻址的专用寄存器，其中的每个位可单独操作，如表 8-2 所示。

表 8-2　SCON 各位的定义

位　地　址	9FH	9EH	9DH	9CH	9BH	9AH	99H	98H
位　　名	SM0	SM1	SM2	REN	TB8	RB8	TI	RI

各位定义如下。

（1）SM0、SM1：其功能如表 8-3 所示。

表 8-3 SM0、SM1 功能

SM0	SM1	工 作 方 式	功 能	波 特 率
0	0	0	8 位移位寄存器	fosc/12
0	1	1	8 位 UART	由定时器 T1 溢出率确定
1	0	2	9 位 UART	fosc/32 或 fosc/64
1	1	3	9 位 UART	由定时器 T1 溢出率确定

（2）SM2：多机通信控制位。

（3）REN：允许接收位。REN=1，允许接收；REN=0，禁止接收。由软件置位、复位。

（4）TB8：方式 2 或方式 3 中要发送的第 9 位数据。可以按需要由软件置位或清零。

（5）RB8：方式 2 或方式 3 中要接收的第 9 位数据。在模式 1 中，SM2=0，RB8 是已接收的停止位。在模式 0 中 RB8 未用。

（6）TI：发送中断标志。为方式 0 时，发送完第 8 位数据后，该位由硬件置位。在其他方式下，开始发送停止位时，由硬件置位。因此 TI=1 表示一帧发送结束，可通过软件查询 TI 标志位，也可经中断系统请求中断。TI 位必须由软件清零。

（7）RI：接收中断标志。为方式 0 时，接收完第 8 位数据后，该位由硬件置位。在其他方式下，当收到停止位或第 9 位时，该位由硬件置位。因此 RI=1，表示一帧接收结束。可通过软件查询 RI 标志，也可经中断系统请求中断。RI 必须由软件清零。

3. PCON 寄存器

PCON 寄存器中只有其最高位（SMOD 位）与串行通信有关，其他位则用于电源管理。其格式如表 8-4 所示。

表 8-4 PCON 各位的定义

位 地 址	B7	B6	B5	B4	B3	B2	B1	B0
位 名	SMOD	—	—	—	GF1	GF0	PD	ID

SMOD：波特率加倍位。当该位设为"1"时，所设定的波特率被加倍。需要注意的是，PCON 寄存器是不能位寻址的，所以使用"SMOD=1;"或"SMOD=0;"语句都是非法的，将 SMOD 置 1 可用"PCON|=0x80;"语句，将 SMOD 清零可用"PCON&=0x7F;"语句。

8.2.2 串行口通信设置

本小节主要介绍串行口通信的 4 种工作方式。

1. 方式 0

在方式 0 下，串行口作为同步移位寄存器使用。8 位串行数据都是从 RXD 输入或输出，TXD 用来输出同步脉冲。

串行数据从 RXD 引脚输出，TXD 引脚输出移位脉冲。CPU 将数据写入发送寄存器时，立即启动发送，将 8 位数据以 fosc/12 的固定波特率从 RXD 输出，低位在前，高位在后。发送完一帧数据后，发送中断标志 TI 由硬件置位。

当串行口以方式 0 接收数据时，先置位允许接收控制位 REN。此时，RXD 为串行数据输入端，TXD 仍为同步脉冲移位输出端。当（RI）=0 和（REN）=1 同时满足时开始接收。当接收到第 8 位数据时，将数据移入接收寄存器，并由硬件置位 RI。

2．方式 1 和方式 3

当串行口工作于方式 1 时，发送或接收一帧信息，包括 1 个起始位 0、8 个数据位和 1 个停止位 1。方式 1 的波特率可变，由定时器/计数器 T1 的计数溢出率来决定，计算公式为：

$$波特率 = \frac{2^{SMOD}}{32} \times （定时器T1溢出率）$$

式中，SMOD 为 PCON 的最高位；T1 溢出率是指 T1 的计数器 1s 内的溢出次数。

在实际应用时，通常是先确定波特率，然后根据波特率求 T1 的定时初始值，因此可以得到公式：

$$X = 256 - \frac{fosc \times 2^{SMOD}}{32 \times 12 \times 波特率}$$

发送数据：数据从 TXD 端口输出，当数据写入发送缓冲器 SBUF 时，就启动发送器发送。发送完一帧数据后，置中断标志 TI=1，申请中断，通知 CPU 可以发送下一个数据。

接收数据：首先使 REN=1（允许接收数据），串行口从 RXD 接收数据，当采样由 1 到 0 跳变时，确认是起始位 0，就开始接收一帧数据，当接收完一帧数据时，置中断标志 RI=1，申请中断，通知 CPU 从 SBUF 取走接收到的数据。

3．方式 2

串行口工作在方式 2、方式 3 时，为 11 位异步通信接口。发送或接收的一帧信息由 11 位组成，包括 1 位起始位"0"、8 位数据位、1 位可编程位和 1 位停止位"1"。

方式 2 与方式 3 仅波特率不同，方式 2 的波特率固定而方式 3 的波特率是可变的。

发送数据：发送前，先由软件设置 TB8，然后将要发送的数据写入 SBUF，即能启动发送器。发送过程是把 8 位数据装入 SBUF，同时还把 TB8 装到发送移位寄存器的第 9 位上，然后从 TXD（P3.1）端口输出一帧数据。

接收数据：先置 REN=1，使串行口为允许接收状态，同时还要将 RI 清零，然后根据 SM2 的状态和所接收到的 RB8 的状态决定此串行口在信息到来后是否置 RI=1，并申请中断，通知 CPU 接收数据。当 SM2=0 时，置 RI=1，此串行口将接收发送来的信息。当 SM2=1 时，置 RB8=1，表示在多机通信情况下，接收的信息为"地址帧"，此时置 RI=1，串行口将接收发来的地址。当 SM2=1 时，且 RB8=0，表示在多机通信情况下，接收的信息为"数据帧"，但不是发给本从机的，此时 RI 不置为 1，因而 SBUF 中接收的数据帧将丢失。

8.2.3 串行接口的波特率设计

各种工作方式下其波特率的设置均有所不同，其中方式 0 和方式 2 的波特率是固定的，方式 1 和方式 3 的波特率是可变的，由定时器 T1 的溢出率确定。

1．各种工作方式的波特率

（1）方式 0 的波特率

方式 0 时，其波特率固定为振荡频率的 1/12，并不受 PCON 中 SMOD 位的影响。因而，方式 0 的波特率为 fosc/12。

（2）方式 2 的波特率

方式 2 的波特率由系统的振荡频率 fosc 和 PCON 的最高位 SMOD 确定，即在 SMOD=0 时，波特率为 fosc/64；在 SMOD=1 时，波特率为 fosc/32，其公式为：

$$波特率 = \frac{2^{SMOD}}{64} \times fosc$$

（3）方式 1、方式 3 的波特率

AT89C52 串行口方式 1、方式 3 的波特率由定时器 T1 的溢出率和 SMOD 的值共同确定，其公式为：

$$波特率 = \frac{2^{SMOD}}{32} \times (定时器T1溢出率)$$

定时器 T1 溢出率的计算公式为：

$$定时器T1溢出率 = \frac{fosc}{12} * \left(\frac{1}{2^k - 初值}\right)$$

式中，k 为定时器 T1 的位数，与定时器 T1 的设定方式有关。即：
① 若定时器 T1 为方式 0，则 k=13。
② 若定时器 T1 为方式 1，则 k=16。
③ 若定时器 T1 为方式 2 或方式 3，则 k=8。

其实，定时器 1 通常采用方式 2，因为定时器 T1 在方式 2 下工作，TH1 和 TL1 分别设定为两个 8 位重装计数器，当 TL1 从全 1 变成全 0 时，TH1 重装 TL1。这种方式不仅可使操作方便，也可避免因重装初值而带来的定时误差。

由上面两个式子可知，方式 1 或方式 3 下所选波特率常常需要通过计算来确定初值，因为该初值是要在定时器 T1 初始化时使用的。

2．串行口初始化步骤

（1）确定定时器 T1 的工作方式——设置 TMOD 寄存器。
（2）确定定时器 T1 的初值——计算初值。
（3）启动定时器 T1——TR1。
（4）确定串行口的工作方式——写 SCON 寄存器。
（5）使用串行口中断方式时——开启中断源、确定中断优先级。

8.3 任务三 使用 AT89S52 串行口——串行口工作方式 0

8.3.1 需求分析

串行口工作方式 0 又称为"移位寄存器方式"，是将串行口作为同步移位寄存器使用，这时以 RXD 端作为数据的输入/输出端，在 TXD 端输出移位脉冲。实际上是把串行口变作并行口使用，在单片机应用系统中，如果并行口不够用，可通过外接串入并出移位寄存器扩展输出接口，通过外接并入串出移位寄存器扩展输入接口。串行口工作于方式 0 时，数据长度为 8 位，数据传送的波特率是 fosc/12。下面分别介绍串入并出移位寄存器和并入串出移位寄存器。

1. 74LS165 芯片

74LS165 芯片是一个 8 位并行输入、串行输出移位寄存器。单片机 RXD 为串行输入引脚，与 74LS165 串行输出端相连；单片机 TXD 为移位脉冲输出端，与 74LS165 芯片移位脉冲输入端相连，如图 8-7 所示。

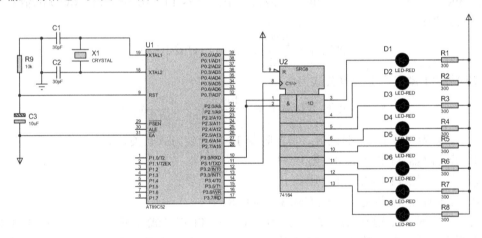

图 8-7 使用 AT89S52 串行口（基于串行口工作方式 0）

2. 74LS164 芯片

74LS164 芯片是一个 8 位并行输出、串行输入移位寄存器。单片机 RXD 作为串行输出引脚，与 74LS164 串行输入端相连；单片机 TXD 为移位脉冲输出端，与 74LS164 芯片移位脉冲输入端相连，如图 8-7 所示。

8.3.2 电路设计

如图 8-7 所示，在 74LS164 芯片的并行输出端接 8 个发光二极管，利用其串入并出功能，把发光二极管从上向下、从下向上依次点亮，并反复循环。

电路由单片机最小系统、串口移位芯片 74LS164 及 8 个 LED 构成。其中，单片机的串行口 TXD（P3.1）引脚接 74LS164 的 8 号引脚（时钟端），为 74LS164 芯片提供移位脉冲；RXD（P3.0）引脚接 74LS164 的 1、2 号引脚，LED 的亮灭状态数据由 P3.0 引脚串行输出到 74LS164 的寄存器。

在 Proteus 仿真软件中完成上面电路设计图。按照图 8-7 所示放置并编辑 AT89S52、CRYSTAL、CAP、CAP-ELEC、RES、LED-RED 和 74LS164 等元件，完成单片机工作方式 0 的电路设计，最后进行电气规则检查。

8.3.3 程序设计

单片机采用串口方式 0，即通过 P3.1 送出的时钟频率为晶振频率的 1/12，单片机每次发送完一个字节的数据后，单片机响应中断并进行处理（将 TI 标志清零），为下一次的数据发送做准备。程序的功能是实现 8 个 LED 从上往下、从下到上循环点亮。程序流程图如图 8-8 所示。

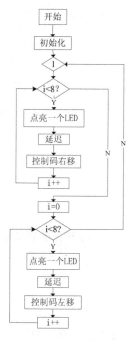

图 8-8　程序流程图

代码如下：

```
#include <AT89X52.H>
#define uchar unsigned char
 void delay();
 void main()
 {
     uchar info,i;
     TI = 0;                      //串口发送标志位清零
```

```
    SCON = 0x00;                    //串口工作方式 0
    IE = 0x90;                      //允许串口中断
    while (1)
    {
        //LED 灯依次从上往下点亮
        info = 0x7f;
        for(i=0;i<8;i++)
        {
            SBUF = info;            //一旦写入 SBUF，数据被发送
            delay();
            //移位后最高位为 0，为了使只有一个 LED 灯点亮，最高位要置 1
            info = (info>>1)|0x80;
        }
        //LED 灯依次从下往上点亮
        info = 0xfe;
        for(i=0;i<8;i++)
        {
            SBUF = info;
            delay();
            info = (info<<1)|0x01;
        }

    }
}
void delay()
{
    uchar i,j;
    for(i=0;i<255;i++)
    for(j=0;j<255;j++);
}
void serial() interrupt 4
{
    TI = 0;                         //发送完毕 TI 清零，为下一次发送数据做准备
}
```

8.3.4　系统调试和仿真

程序设计好以后，编译程序生成 HEX 文件，打开之前已经设计好的电路，加载 HEX 文件，进行仿真运行，观察电路和程序是否与设计要求相符。

8.4　任务四　使用 AT89S52 串行口——串行口工作方式 1

8.4.1　需求分析

本案例通过串行口发送字符串"Hello World!"。已知单片机的时钟频率为 11.0592MHz，

要求采用串口方式 1，波特率为 9600bit/s。为了便于观察、调试，在 Proteus 环境下，可加入虚拟终端（Virtual Terminal），将单片机的数据发送端 TXD 与虚拟终端的数据接收端 RXD 相连，以监视串行口发出数据的情况。

具体应用时，总是根据预先确定的波特率计算定时器 T1 的计数初值，通常定时器采用方式 2，当时钟频率 fosc=11.0592MHz 时，SMOD=0，通过推导，可以得到 T1 计数初值的公式为：

$$X = 256 - \frac{fosc \times 2^{SMOD}}{32 \times 12 \times 波特率}$$

所以，定时器初值为 253。对应的 T1 初始化程序如下：

```
TMOD=0×20;              //定时器 T1 工作于方式 2
TH1=253;               //装入计数初值
TL1=253;
TR1=1;
PCON=PCON&0x7f;        //SMOD 清零
```

在计数初值不变的情况下，如果将 SMOD 变为 1，波特率将增加 1 倍，变为 19200Hz。

8.4.2 电路设计

电路由单片机最小系统和虚拟终端构成。其中，单片机的串行口 TXD（P3.1）引脚接虚拟终端的 RXD 引脚；RXD（P3.0）引脚接到虚拟终端的 TXD 引脚，虚拟终端显示的数据信息由单片机 P3.1 引脚串行输出。

在 Proteus 仿真软件中完成上面电路设计图。按照图 8-9 所示放置并编辑 AT89S52、CRYSTAL、CAP、CAP-ELEC、RES 和 Virtual Terminal 等元件，完成单片机工作方式 1 的电路设计，最后进行电气规则检查。

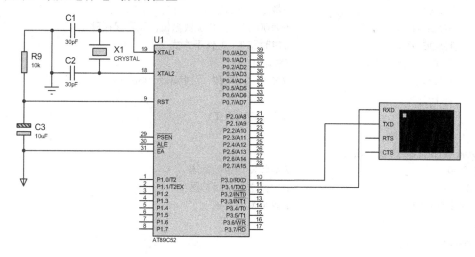

图 8-9 使用 AT89S52 串行口（基于串行口工作方式 1）

8.4.3 程序设计

本任务是将一字符串"Hello World!"发送到显示终端上，要求串口工作于工作方式 1。其程序流程图如图 8-10 所示。

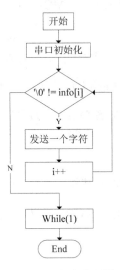

图 8-10 程序流程图

代码如下：

```
#include <AT89X52.H>
#define uchar unsigned char
void init_serial(void)
  {
    ES=0;                  //禁止串行口中断
    SCON=0x40;             //0100 0000，8 位数据位，无奇偶校验
    TMOD=0x20;             //定时器 T1 工作于方式 2
    PCON=PCON&0x7f;        //SMOD=0
    TH1=253;               //装入时间常数，波特率为 9600Hz
    TL1=253;
    TR1=1;                 //启动定时器 T1
  }
void send_char(uchar dat)
{ TI=0;                    //清除发送中断标志
SBUF=dat;                  //数据送发送缓冲区
while(TI==0);              //等待发送完成
}
void main(void)
{
int i = 0;
uchar info[] = "Hello World!";
```

```
init_serial();                    //初始化串行口
while('\0'!=info[i])
{
send_char(info[i]);
i++;
}
while(1);
}
```

8.4.4　系统调试和仿真

程序设计好以后，编译程序生成 HEX 文件，打开之前已经设计好的电路，加载 HEX 文件，进行仿真运行，观察电路和程序是否与设计要求相符。

8.5　任务五　使用 AT89S52 串行口——串行口工作方式 3

8.5.1　需求分析

本案例使用两片 AT89S52 单片机，分别为上位机和下位机，根据工作任务要求，要实现点对点的数据传输。下位机使用模数转换芯片 ADC0808 将采集的模拟电压信号经过模数转化芯片 ADC0808 转化成数字信号发送到上位机，上位机将接收到的二进制数据发送到 8 个 LED 进行显示，同时将二进制数据发送到虚拟终端。

8.5.2　电路设计

（1）接收端电路设计

接收端电路由上位机 AT89S52 单片机最小系统、8 个 LED 和虚拟终端组成。8 个 LED 采用共阳极接法，与 AT89S52 的 P2 口相连。虚拟终端的 RXD 端与 AT89S52 的 P3.0 引脚相连，电路设计如图 8-11 所示。

（2）发送端电路设计

发送端电路由下位机 AT89S52 单片机最小系统、模数转化芯片 ADC0808 和电位器组成，电路设计如图 8-11 所示。

（3）数据通信电路设计

发送端（下位机）AT89S52 单片机将数据通过串行口输出引脚 P3.1 发送给接收端（上位机）和虚拟终端。接收端（上位机）AT89S52 单片机将通过串行口输入引脚 P3.0 接收下位机发来的数据。

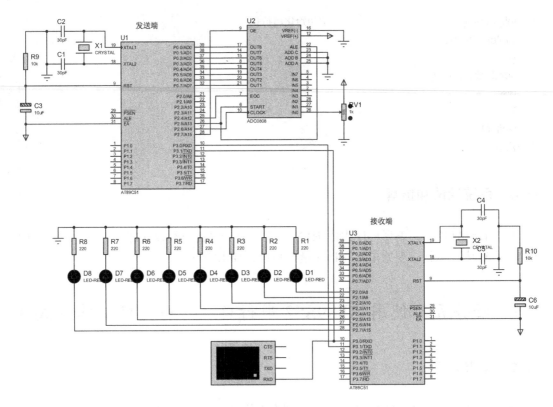

图 8-11　使用 AT89S52 串行口（基于串行口工作方式 3）

在 Proteus 仿真软件中完成上面电路设计图。按照图 8-11 所示放置并编辑 AT89S52、CRYSTAL、CAP、CAP-ELEC、RES、LED-RED、POT-HG、ADC0808 和 Virtual Terminal 等元件。完成单片机工作方式 1 的电路设计，最后进行电气规则检查。

8.5.3　程序设计

为了提高数据通信的可靠性，本案例串行口工作于方式 3，将其第 9 位数据 TB8/RB8 用作奇偶校验位，上位机对收到的每一帧数据进行奇偶校验，如果校验正确，则上位机向下位机回送"数据发送正确"的应答信号，下位机收到表示正确的应答信号后再发送下一个字节。如果上位机校验错误，则向下位机回送"数据发送错误"的应答信号。下位机收到该应答信号后，重新发送原数据，直到正确为止。

（1）下位机发送端程序分析

下位机首先进行双工通信初始化，设置定时器工作方式、定时器赋值、波特率设置、串口工作方式设置等。下位机时刻采集电位器电压信息，将其转化成 8 位二进制数据，同时得到当前二进制数据中的"1"的位个数（奇数个则 P=1，偶数个则 P=0），将奇偶校验位 P 的值作为第 9 位数据（TB8）一起发出。等待上位机回送应答信号，再根据回送的应答信号做不同处理，下位机程序流程图如图 8-12 所示。

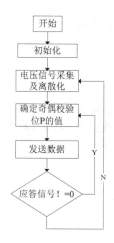

图 8-12 下位机程序流程图

下位机程序如下:

```c
#include <AT89X52.H>
sbit EOC=P2^4;              //定义 ADC0808/ADC0809 转换结束信号
sbit START=P2^5;           //定义 ADC0808/ADC0809 启动转换命令
sbit CLOCK=P2^6;           //定义 ADC0808/ADC0809 时钟脉冲输入位
sbit OE=P2^7;              //定义 ADC0808/ADC0809 数据输出允许位
unsigned char adc;          //存放转换后的数据

void main(void)
{
  bit ERR;
  EA=0;
  TMOD=0x22;               //T0、T1 为方式 2
  TH0=0x14;
  TL0=0x14;
  TH1=253;                 //波特率为 9600Hz
  TL1=253;
  IE=0x82;
  TR0=1;                   //开中断，启动定时器
  TR1=1;
  SCON=0xD0;               //设串口为方式 3

  //ADC0808 转换
  while(1)
  {
    START=0;
    START=1;
    START=0;               //启动转换
    while(!EOC);           //等待转换结束
    OE=1;                 //允许输出
```

```
    adc=P0;                  //取转换结果
    do
    {ERR = 0;
    ACC = adc;
    TB8 = P;
    SBUF = ACC;              //发送采集的数据
    while(TI == 0) ;         //等待发送数据结束（数据发送完，TI 由硬件置位）
    TI = 0;                  //TI 复位
    while(RI == 0);
    RI = 0;
    if(SBUF != 0)
     ERR = 1;
    } while(ERR == 1);
  }
}
//定时计数器 1 的中断服务子程序
void timer0(void) interrupt 3 using 1
{
    CLOCK=~CLOCK;           //产生 ADC0808/ADC0809 时钟脉冲信号
}
```

（2）上位机接收端程序分析

上位机同样首先进行双工通信初始化，设置定时器工作方式、定时器赋值、波特率设置、串口工作方式设置等。上位机在接收到数据后，首先对接收到的数据进行奇偶检验，如果检验后 P 的值等于 RB8，则表示没有误码回送，若有误码上位机回送 0x00 应答信号，否则回送 0xff 应答信号，流程图如图 8-13 所示。

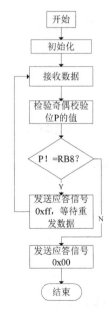

图 8-13　上位机程序流程图

上位机的程序如下：

```
#include <AT89X52.H>
unsigned char tmp;                  //存放接收数据
void main(void)
{
  while(1)
  {
    bit ERR;
    TMOD=0x20;                      //T1 为方式 2
    TH1=253;                        //波特率为 9600Hz
    TL1=253;
    PCON=0;                         //电源控制寄存器
    TR1=1;
    SCON=0xC0;                      //设串口为方式 3
    SCON=0xD0;                      //设串口为方式 3，允许串行口接收
    do
    {
    ERR=0;
    while(RI==0);
    RI=0;                           //等待接收一个字节
    ACC=SBUF;                       //根据接收的字节形成校验位 P
    if(P!=RB8)                      //如果校验错
    {
    SBUF=0xff;                      //发送应答信号 0xff
    ERR=1;                          //ERR 置 1，准备重新接收
    }
    else                            //校验正确
    {
      P2=SBUF;                      //将数据存入接收缓冲区
      SBUF=0x00;                    //发送应答信号 0x00
    }
    while(TI==0);
    TI=0;                           //等待应答信号发送完成
    } while (ERR==1);               //如果 ERR 为 1，重新接收
  }
}
```

8.5.4 系统调试和仿真

程序设计好以后，分别编译上位机和下位机的程序，生成两个 HEX 文件，打开之前已经设计好的电路，分别加载对应的 HEX 文件，进行仿真运行，观察电路和程序是否与设计要求相符。

8.6 任务六 双机串行通信的实现

本任务将通过 RS-232C 接口实现两个单片机系统之间的串行通信，发送端字符数据通过串口发送出去，接收端接收字符数据并存入数组中，如果收发成功，将分别点亮发送端和接收端的指示灯。

8.6.1 RS-232C 基础知识

在用于实现计算机与单片机之间的串行通信总线中，RS-232C 是由美国电子工业协会（EIA）公布的应用最广的串行通信标准总线，适用于短距离或带调制解调器的通信场合。后来公布的 RS-422、RS-423 和 RS-485 串行总线接口标准在传输速率和通信距离上有很大的提高。

一对一的接头的情况下：

（1）RS-232C：可做到双向传输，全双工通信，最大电缆长度为 30m，最高传输速率为 20kbps。

（2）RS-422：只能做到单向传输，半双工通信，最大电缆长度为 1200m，最高传输速率为 10Mbps。

（3）RS-485：双向传输，半双工通信，最高传输速率为 10Mbps。

RS-232C 的逻辑 0 电平为+5～+15V，逻辑 1 电平为-5～-15V。而单片机采用 TTL 电平（即高、低电平的电压范围分别为+2～+5V 和 0～+0.8V）。由于 TTL 电平和 RS-232C 电平互不兼容，所以两者对接时，必须进行电平转换，如图 8-14 所示。MC1489、MC1488、MAX232 和 ICL232 是常用的电平转换芯片。由于 MC1489、MC1488 要使用双电源供电，电路设计要比 MAX232 复杂，所以下面介绍更常用的 MAX232。

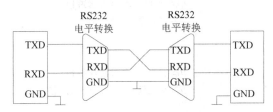

图 8-14 RS-232C 接口连接

8.6.2 MAX232

MAX232 内部有电压倍增电路、电压转换电路和 4 个反相器，只需+5V 单一电源便能实现 TTL/CMOS 电平与 RS232 电平转换。如要实现单片机与 9 针 D 形 RS-232C 之间通信，必须在两者之间加入电平转换芯片，完成 TTL 电平与 RS-232C 电平之间的转换，如图 8-15 所示，其中，DB-9 代表 9 针 D 形 RS-232C，转换电路为 MAX232 芯片。

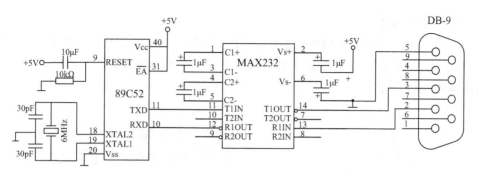

图 8-15 单片机与计算机之间的串行通信

8.6.3 双机串行通信的实现

1. 需求分析

根据工作任务要求，设某系统中有发送端、接收端两单片机，两单片机通过电平转换电路 MAX232 互连，其中发送端将数组 sendbuf 中的字符数据通过串口发送出去，接收端接收后将数据存入 rbuf 数组中，如果收发成功，将分别点亮发送端和接收端的指示灯。设两机均用 11.0592MHz 的振荡频率，波特率为 9600bit/s。

2. 电路分析

（1）发送端电路

发送端电路由 AT89S52 单片机最小系统、转换电路 MAX232 和 LED 构成。转换电路可以完成 TTL 电平与 RS-232C 电平之间的转换，由 MAX232 芯片完成。发送端电路图如图 8-16 所示。

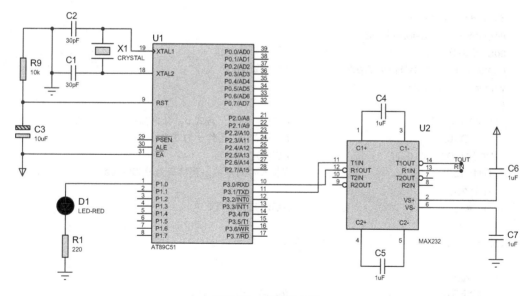

图 8-16 发送端电路

（2）接收端电路

同样地，接收端电路由 AT89S52 单片机最小系统、转换电路 MAX232 和 LED 构成。转换电路可以完成 TTL 电平与 RS-232C 电平之间的转换，由 MAX232 芯片完成。接收端电路图如图 8-17 所示。

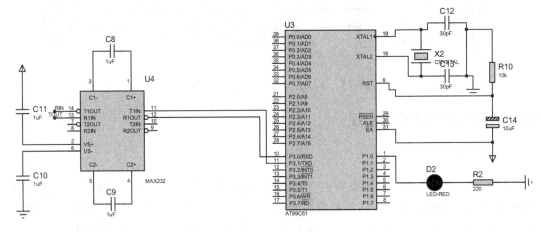

图 8-17　接收端电路

最后，用 Proteus 仿真软件完成通信电路设计。运行 Proteus 软件，按图 8-16 和图 8-17 所示放置并编辑 AT89S52、CRYSTAL、CAP、CAP-ELEC、RES、LED-RED、MAX232 等元器件。完成串行通信电路设计，进行电气规则检测。

3. 软件设计

发送端程序如下：

```
#include   "AT89X51.H"
#define uchar unsigned char
sbit LED=P1^0;                      //指示灯控制位
uchar sendbuf[12]="Hello World";    //发送缓冲区
void init_serial(void)
{
   SCON=0xd0;                       //1101 0000，方式3，允许接收
   TMOD=0x20;                       //定时器T1工作于方式2
   PCON=PCON&0x7f;                  //SMOD=0
   TH1=253;                         //装入时间常数，波特率为9600bit/s
   TL1=253;
   TR1=1;                           //启动定时器T1
}
void main(void)
  {
     uchar i;
     bit ERR;                       //错误标志
     init_serial();                 //初始化串行口
```

```
    LED=0;                                  //熄灭指示灯
    for(i=0;i<12;i++)
      { do
        {
          ERR=0;                            //每次发送前先清除 ERR 标志
          ACC=sendbuf[i];                   //产生校验位 P
          TB8=P;                            //校验位 P 送 TB8，数据送 SBUF
          SBUF=ACC;
          while(TI==0);                     //等待发送完成
          TI=0;
          while(RI==0);                     //等待接收端的应答信号
          RI=0;
          if(SBUF!=0)                       //应答信号不为 0x00，发送错误
          ERR=1;
        } while (ERR==1);                   //如果 ERR 标志为 1，则重复发
      }                                     //否则接着发送下一个字节
    LED=1;                                  //发送成功，点亮指示灯
    while(1);
  }
```

接收端程序如下：

```
#include "at89x52.h"
#define uchar unsigned char
sbit LED=P1^0;                              //指示灯控制位
uchar rbuf[12];                             //接收缓冲区
void init_serial(void)
{
  SCON=0xd0;                                //1101 0000，方式 3，允许接收
  TMOD=0x20;                                //定时器 T1 工作于方式 2
  PCON=PCON&0x7f;                           //SMOD=0
  TH1=253;                                  //装入时间常数，波特率为 9600bit/s
  TL1=253;
  TR1=1;                                    //启动定时器 T1
}
void main(void)
  {
    bit ERR;
    uchar i;                                //错误标志
    init_serial();                          //初始化串行口
    LED=0;                                  //指示灯熄灭
    for(i=0;i<12;i++)
      {
        do
        {
          ERR=0;
```

```
        while(RI==0);                      //等待接收一个字节
        RI=0;
        ACC=SBUF;                          //根据接收的字节形成校验位 P
        if(P!=RB8)                         //如果校验错
          {
            SBUF=0xff;                     //发送应答信号 0xff
            ERR=1;                         //ERR 置 1，准备重新接收
          }
        else                               //校验正确
          {
            rbuf[i]=SBUF;                   //将数据存入接收缓冲区
            SBUF=0x00;                     //发送应答信号 0x00
          }
          while(TI==0);
          TI=0;                            //等待应答信号发送完成
      } while (ERR==1);                     //如果 ERR 为 1，重新接收
    }
  LED=1;                                   //接收成功，点亮指示灯
  while(1);
}
```

4. 仿真

串行通信程序设计好以后，分别编译发送端和接收端的程序，生成 HEX 文件，打开串行通信电路，分别加载发送端和接收端两个单片机的 HEX 文件，进行仿真运行，观察电路和程序是否与设计要求相符。

关键知识点小结

1. 串行通信

所传送数据的各位按顺序逐位地发送或接收。串行通信只需要一条数据线，在最初传递的是 D0 位，然后是 D1 位……最后传递 D7 位。这种方式的特点是传输速度慢，但因数据传输线少，线路结构简单、抗干扰能力强，特别适用于远距离通信。

按照串行数据的时钟控制方式，串行通信可以分为异步通信和同步通信。依据数据的传输方向及时间关系又可以分为单工、半双工和全双工。

2. 波特率

波特率是通信中对数据传送速率的规定，指每秒传送二进制数据的位数，单位为位/秒（bit/s）。波特率是表明传输速度的标准，国际上规定的一个标准的波特率系列是 110，300，600，1200，1800，2400，4800，9600，19200。

3. 串行口的工作方式

方式 0 的特点：8 位同步移位寄存器，波特率固定为晶振的 1/12，即 fosc/12。

方式 1 的特点：8 位 UART，波特率可变，波特率 $= 2^{SMOD} / 32 \times$（定时器T1溢出率），其中定时器T1溢出率 $= \dfrac{fosc}{12} \times \left(\dfrac{1}{2^k - 初值}\right)$。

方式 2 的特点：9 位 UART，波特率为晶振的 1/32 或 1/64，即波特率 $= 2^{SMOD} / 64 * fosc$。

方式 3 的特点：9 位 UART，波特率可变。波特率 $= 2^{SMOD} / 32 \times$（定时器T1溢出率），其中定时器T1溢出率 $= \dfrac{fosc}{12} \times \left(\dfrac{1}{2^k - 初值}\right)$。

4. 串行口初始化步骤

（1）确定定时器 T1 的工作方式——设置 TMOD 寄存器。

（2）确定定时器 T1 的初值——计算初值。

（3）启动定时器 T1——TR1。

（4）确定串行口的工作方式——写 SCON 寄存器。

（5）使用串行口中断方式时——开启中断源、确定中断优先级。

课 后 习 题

1. 比较串行通信和并行通信各自的特点。

2. 串行口有几种工作方式？各种工作方式下的波特率如何确定？

3. 简述单工、半双工和全双工的特点，单片机一般采用哪种方式工作？

4. 简述串行口通信的初始化步骤。

5. 某单片机工作在方式 2，晶振为 6MHz，SMOD=1，确定其波特率。假设另一单片机也工作在工作方式 2，若双机要通过串行口进行通信，请问双方波特率有何要求？另一单片机的晶振如何确定？

项目九　LCD 液晶和 LED 点阵显示实现

对于现在流行的嵌入式电子产品，显示输出模块是必不可少的，在各种电子仪器或装置中显示部分属于人机对话部分，也是电子装置设计技术内容之一，常用的显示装置有发光二极管、数码管、液晶显示器等。一般在需要显示字母、汉字或图形的场合经常使用 LCD 或 LED 点阵作为显示原件。目前 LED 和 LCD 显示器成为现代大多数用户的选择，它们各有优缺点。LCD 液晶显示器具有图像清晰、体积小、功耗低等优点，但它的成本高、亮度低、寿命短、可视距离和角度很有限。而 LED 显示屏具有亮度高、故障低、能耗少、使用寿命长、显示内容多样、显示方式丰富等优点。

在本项目中，通过完成 7 个任务详细介绍 LED 点阵屏和 LCD 屏显示的原理和方法。

- 📖　任务一　认识 1602LCD 液晶
- 📖　任务二　使用 1602 液晶显示屏显示
- 📖　任务三　认识 12864LCD 液晶
- 📖　任务四　使用 12864LCD 液晶显示屏显示
- 📖　任务五　认识 LED 点阵
- 📖　任务六　使用 8×8LED 点阵显示
- 📖　任务七　使用 8×8LED 点阵拓展提高

9.1　任务一　认识 1602LCD 液晶

液晶显示屏（LCD）是用于数字型钟表和许多便携式计算机的一种显示器类型。LCD 显示使用了两片极化材料，在它们之间是液体水晶溶液。电流通过该液体时会使水晶重新排列，以使光线无法透过它们。因此，每个水晶就像百叶窗，既能允许光线穿过又能挡住光线。目前电子产品都朝着轻、薄、短、小的目标发展，在计算机周边中拥有悠久历史的显示器产品当然也不例外。在便于携带与搬运为前题之下，传统的显示方式，如 CRT 映像管显示器及 LED 显示板等，皆受制于体积过大或耗电量大等因素，无法达成使用者的实际需求。而液晶显示技术的发展正好切合目前信息产品的潮流，无论是直角显示、低耗电量、体积小、还是零辐射等优点，都能让使用者享受最佳的视觉环境。

液晶显示的分类方法有很多种，通常可按其显示方式分为段式、字符式、点阵式等。除了黑白显示外，液晶显示器还有灰度和彩色显示等。如果根据驱动方式来分，可以分为静态驱动（Static）、单纯矩阵驱动（Simple Matrix）和主动矩阵驱动（Active Matrix）3 种。

9.1.1　液晶显示方式

点阵图形式液晶由 M×N 个显示单元组成，假设 LCD 显示屏有 64 行，每行有 128 列，每 8 列对应 1 字节的 8 位，即每行由 16 字节，共 16×8=128 个点组成。屏上 64×16 个显示单元与显示 RAM 区 1024 字节相对应，每一字节的内容和显示屏上相应位置的亮暗对应。例如，屏的第一行的亮暗由 RAM 区的 000H～00FH 的 16 字节的内容决定，当（000H）=FFH 时，则屏幕的左上角显示一条短亮线，长度为 8 个点；当（3FFH）=FFH 时，则屏幕的右下角显示一条短亮线；当（000H）=FFH，（001H）=00H，（002H）=00H，……，（00EH）=00H，（00FH）=00H 时，则在屏幕的顶部显示一条由 8 段亮线和 8 条暗线组成的虚线。这就是 LCD 显示的基本原理。

用 LCD 显示一个字符时比较复杂，因为一个字符由 6×8 或 8×8 点阵组成，既要找到和显示屏幕上某几个位置对应的显示 RAM 区的 8 字节，还要使每字节的不同位为 1，其他的为 0，为 1 的点亮，为 0 的不亮。这样就组成某个字符。但对于内带字符发生器的控制器来说，显示字符就比较简单了，可以让控制器工作在文本方式，根据在 LCD 上开始显示的行列号及每行的列数找出显示 RAM 对应的地址，设立光标，在此发送该字符对应的代码即可。

汉字的显示一般采用图形的方式，事先从微机中提取要显示的汉字的点阵码（一般用字模提取软件），每个汉字占 32B，分左右两半，各占 16B，左边为 1、3、5……右边为 2、4、6……根据在 LCD 上开始显示的行列号及每行的列数可找出显示 RAM 对应的地址，设立光标，送上要显示的汉字的第一字节，光标位置加 1，送第二个字节，换行按列对齐，送第三个字节……直到 32B 显示完即可在 LCD 上得到一个完整汉字。

9.1.2　1602 字符型 LCD 简介

1．1602LCD 结构和引脚

字符型液晶显示模块是一种专门用于显示字母、数字、符号等点阵式 LCD，目前常用 16×1，16×2，20×2 和 40×2 行等的模块。下面以 1602 字符型液晶显示器为例介绍其用法。一般 1602 字符型液晶显示器实物如图 9-1 所示。

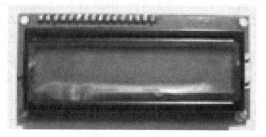

图 9-1　1602 字符型液晶显示器实物

1602LCD 分为带背光和不带背光两种，基控制器大部分为 HD44780，带背光的比不带背光的厚，是否带背光在应用中并无差别。1602LCD 主要技术参数如下。

（1）显示容量：16×2 个字符。

（2）芯片工作电压：4.5～5.5V。

（3）工作电流：2.0mA（5.0V）。

（4）模块最佳工作电压：5.0V。

（5）字符尺寸：2.95×4.35(W×H)mm。

1602LCD 采用标准的 14 脚（无背光）或 16 脚（带背光）接口，各引脚接口说明如表 9-1 所示。

表 9-1　引脚接口说明表

编　　号	符　　号	引 脚 说 明	编　　号	符　　号	引 脚 说 明
1	VSS	电源地	9	D2	数据
2	VDD	电源正极	10	D3	数据
3	VL	液晶显示偏压	11	D4	数据
4	RS	数据/命令选择	12	D5	数据
5	R/W	读/写选择	13	D6	数据
6	E	使能信号	14	D7	数据
7	D0	数据	15	BLA	背光源正极
8	D1	数据	16	BLK	背光源负极

2．1602LCD 指令系统

1602 液晶模块内部的控制器共有 11 条控制指令，如表 9-2 所示。

表 9-2　控制命令表

序　号	指　　令	格　　式								
		RS	R/W	D7	D6	D5	D4	D3	D2	D1	D0
1	清屏	0	0	0	0	0	0	0	0	0	1
2	光标复位	0	0	0	0	0	0	0	0	1	-
3	置输入方式	0	0	0	0	0	0	0	1	I/D	S
4	显示开/关控制	0	0	0	0	0	0	1	D	C	B
5	光标或字符移位	0	0	0	0	0	1	S/C	R/L	-	-
6	设置功能	0	0	0	0	1	DL	N	F	-	-
7	置字符发生存储器地址	0	0	0	1	AC5	AC4	AC3	AC2	AC1	AC0
8	置数据存储器地址	0	0	1	AC6	AC5	AC4	AC3	AC2	AC1	AC0
9	读忙标志或地址	0	1	BF	AC6	AC5	AC4	AC3	AC2	AC1	AC0
10	写数到 CGRAM 或 DDRAM	1	0	D7	D6	D5	D4	D3	D2	D1	D0
11	从 CGRAM 或 DDRAM 读数	1	1	D7	D6	D5	D4	D3	D2	D1	D0

（1）清屏

清除屏幕，将显示缓冲区 DDRAM 的内容全部写入空格（ASCII20H）。光标复位，回到显示器的左上角。地址计数器 AC 清零。

（2）光标复位

光标复位，回到显示器的左上角。地址计数器 AC 清零。显示缓冲区 DDRAM 的内容不变。

（3）置输入方式

设定当写入一个字节后，光标的移动方向以及后面的内容是否移动。当 I/D=1 时，光标从左向右移动；I/D=0 时，光标从右向左移动。当 S=1 时，内容移动，S=0 时，内容不移动。

（4）显示开/关控制

控制显示的开关，当 D=1 时显示，D=0 时不显示。控制光标开关，当 C=1 时光标显示，C=0 时光标不显示。控制字符是否闪烁，当 B=1 时字符闪烁，B=0 时字符不闪烁。

（5）光标或字符移位

移动光标或整个显示字幕移位。当 S/C=1 时整个显示字幕移位，当 S/C=0 时只光标移位。当 R/L=1 时光标右移，R/L=0 时光标左移。

（6）设置功能

设置数据位数，当 DL=1 时数据位为 8 位，DL=0 时数据位为 4 位。设置显示行数，当 N=1 时双行显示，N=0 时单行显示。设置字形大小，当 F=1 时为 5×10 点阵，F=0 时为 5×7 点阵。

（7）置字符发生存储器地址

设置用户自定义 CGRAM 的地址，对用户自定义 CGRAM 访问时，要先设定 CGRAM 的地址，地址范围为 0～63。

（8）置数据存储器地址

设置当前显示缓冲区 DDRAM 的地址，对 DDRAM 访问时，要先设定 DDRAM 的地址，地址范围为 0～127。

（9）读忙标志或地址

读忙标志及地址计数器 AC，当 BF=1 时则表示忙，这时不能接收命令和数据；BF=0 时表示不忙。低 7 位为读出的 AC 的地址，值为 0～127。

（10）写数到 CGRAM 或 DDRAM

向 DDRAM 或 CGRAM 当前位置中写入数据。对 DDRAM 或 CGRAM 写入数据之前须设定 DDRAM 或 CGRAM 的地址。写操作时序如图 9-2 所示。

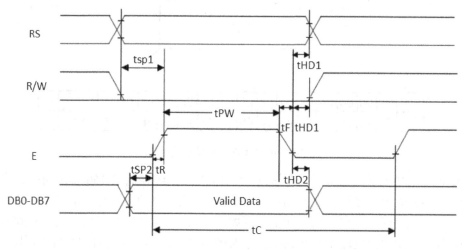

图 9-2　写操作时序

（11）从 CGRAM 或 DDRAM 读数

从 DDRAM 或 CGRAM 当前位置中读数据。当 DDRAM 或 CGRAM 读出数据时，须先设定 DDRAM 或 CGRAM 的地址。读操作时序如图 9-3 所示。

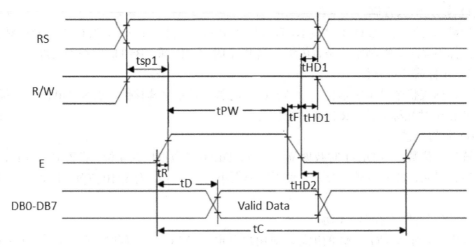

图 9-3　读操作时序

液晶显示模块是一个慢显示器件，所以在执行每条指令之前一定要确认模块的忙标志为低电平，表示不忙，否则此指令失效。要显示字符时须先输入显示字符地址，也就是告诉模块在哪里显示字符，如图 9-4 所示是 1602 的内部显示地址。

例如，第二行第一个字符的地址是 40H，那么是否直接写入 40H 就可以将光标定位在第二行第一个字符的位置呢？这样不行，因为写入显示地址时要求最高位 D7 恒定为高电平 1，所以实际写入的数据应该是 01000000B（40H）+10000000B（80H）=11000000B（C0H）。在对液晶模块的初始化中要先设置其显示模式，在液晶模块显示字符时光标是自动右移的，无需人工干预。每次输入指令前都要判断液晶模块是否处于忙状态。

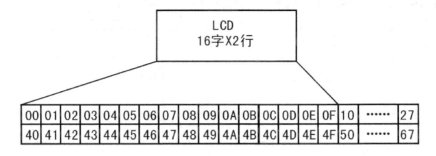

图 9-4　1602LCD 内部显示地址

1602 液晶模块内部的字符发生存储器（CGROM）已经存储了 160 个不同的点阵字符图形，如表 9-3 所示，这些字符包括阿拉伯数字、英文字母的大小写、常用的符号和日文假名等，每一个字符都有一个固定的代码，例如，大写的英文字母"A"的代码是 01000001B（41H），显示时模块把地址 41H 中的点阵字符图形显示出来，就能看到字母"A"。

表 9-3　HD44780 内部字符集

LCD 使用之前须对其进行初始化，初始化可通过复位完成，也可在复位后完成，初始化过程如下：

（1）清屏。

（2）功能设置。

（3）开/关显示设置。

（4）输入方式设置。

9.2　任务二　使用 1602 液晶显示屏显示

9.2.1　需求分析

用 Proteus 和 KeilC 仿真实现液晶屏第一行显示"The 1602LCD Test"，第二行显示"Hello everyone!"。任务描述如下：

（1）认识液晶显示器。包括各种液晶显示屏的型号、物理结构、显示原理、显示程序的理解与仿真。

（2）设计 1602 液晶显示屏与单片机接口电路并阅读给定的驱动程序，将该程序导入 KeilC 并编译生成 HEX 文件，在 Proteus 中作原理图仿真。

9.2.2　电路设计

如图 9-5 所示为利用 AT89C52 单片机实现 LCD1602 液晶显示的电路图，10K 排阻作为上拉以提供 LCD 足够的工作电流。运行 Proteus 软件，新建设计文件。按照图 9-5 所示放置并编辑 AT89C52、CRYSTAL、CAP、RES、LCD 和 BUTTON 等元器件。完成电路设计后，进行电气规则检查。

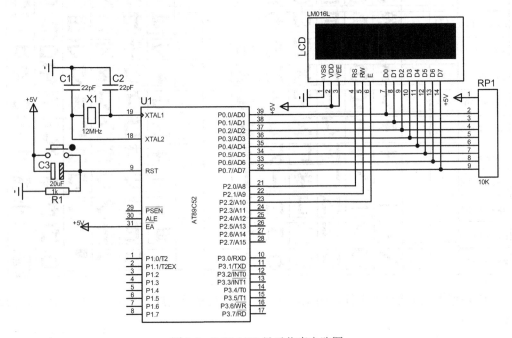

图 9-5　LCD1602 显示仿真电路图

9.2.3　程序设计

LCD1602 初始化步骤为：

（1）延时 15ms。

（2）写指令 38H（不检测忙信号）。

（3）延时 5ms。

（4）写指令 38H（不检测忙信号）。

（5）延时 5ms。

（6）写指令 38H（不检测忙信号）。

（7）以后每次写指令、读/写数据操作均需要检测忙信号。

（8）写指令 38H：显示模式设置。

（9）写指令 08H：显示关闭。

（10）写指令 01H：显示清屏。

（11）写指令 06H：显示光标移动设置。

（12）写指令 0CH：显示开及光标设置。

将 LCD1602 的控制命令单独做成一个头文件 LCD1602.H，具体程序如下：

```
#ifndef LCD_CHAR_1602_2005_4_9
#define LCD_CHAR_1602_2005_4_9

#include <intrins.h>

//Port Definitions************************************************
sbit LcdRs      = P2^0;
sbit LcdRw      = P2^1;
sbit LcdEn      = P2^2;
sfr  DBPort     = 0x80;                //P0=0x80，P1=0x90，P2=0xA0，P3=0xB0，数据端口

//内部延时函数****************************************************
unsigned char LCD_Wait(void)
{
    LcdRs=0;
    LcdRw=1; _nop_();
    LcdEn=1; _nop_();
    LcdEn=0;
    return DBPort;
}
//向 LCD 写入命令或数据********************************************
#define LCD_COMMAND          0                    //Command
#define LCD_DATA             1                    //Data
#define LCD_CLEAR_SCREEN     0x01                 //清屏
#define LCD_HOMING           0x02                 //光标复位
void LCD_Write(bit style, unsigned char input)
{
    LcdEn=0;
    LcdRs=style;
    LcdRw=0;        _nop_();
    DBPort=input;   _nop_();
    LcdEn=1;        _nop_();
    LcdEn=0;        _nop_();
    LCD_Wait();
}

//设置显示模式**************************************************
#define LCD_SHOW             0x04                 //显示开
#define LCD_HIDE             0x00                 //显示关

#define LCD_CURSOR           0x02                 //显示光标
```

```
#define LCD_NO_CURSOR        0x00                    //无光标

#define LCD_FLASH            0x01                    //光标闪动
#define LCD_NO_FLASH         0x00                    //光标不闪动

void LCD_SetDisplay(unsigned char DisplayMode)
{
    LCD_Write(LCD_COMMAND, 0x08|DisplayMode);
}

//设置输入模式
#define LCD_AC_UP            0x02
#define LCD_AC_DOWN          0x00                    //default

#define LCD_MOVE             0x01                    //画面可平移
#define LCD_NO_MOVE          0x00                    //default

void LCD_SetInput(unsigned char InputMode)
{
    LCD_Write(LCD_COMMAND, 0x04|InputMode);
}
//初始化LCD
void LCD_Initial()
{
    LcdEn=0;
    LCD_Write(LCD_COMMAND,0x38);
    LCD_Write(LCD_COMMAND,0x38);
    LCD_SetDisplay(LCD_SHOW|LCD_NO_CURSOR);          //开启显示，无光标
    LCD_Write(LCD_COMMAND,LCD_CLEAR_SCREEN);         //清屏
    LCD_SetInput(LCD_AC_UP|LCD_NO_MOVE);
}
//*************************************************************************
void GotoXY(unsigned char x, unsigned char y)
{
    if(y==0)
    LCD_Write(LCD_COMMAND,0x80|x);
    if(y==1)
    LCD_Write(LCD_COMMAND,0x80|(x-0x40));
}
void Print(unsigned char *str)
{
while(*str!='\0')
        {
        LCD_Write(LCD_DATA,*str);
        str++;
        }
}
#endif
```

主程序代码如下：

```
#include "LCD1602.h"
main()                              //主函数
{
        unsigned int Count = 0;
        LCD_Initial();
        GotoXY(0,0);
        Print("The 1602LCD Test");
        GotoXY(0,1);
        Print("Hello everyone! ");
        while(1){};
}
```

9.2.4 系统调试和仿真

电路程序设计好后，打开 Proteus 电路，加载程序编译后生成的 HEX 文件。进行仿真运行，LCD 显示屏上第一行显示"The 1602LCD Test"，第二行显示"Hello everyone!"，至此任务完成。

9.3 任务三 认识 12864LCD 液晶

9.3.1 12864LCD 液晶简介

128×64 点阵的汉字图形型液晶显示模块，可显示汉字及图形，内置 8192 个中文汉字（16×16 点阵）、128 个字符（8×16 点阵）及 64×256 点阵显示 RAM（GDRAM），可与 CPU 直接接口，提供两种界面来连接微处理机：8 位并行及串行连接方式。具有多种功能：光标显示、画面移位、睡眠模式等。12864LCD 分为带字库的和不带字库的。这里主要介绍不带字库的，以 Proteus 中的 12864LCD 为例进行讲解，如图 9-6 所示为 Proteus 中的 AMPIRE128×64，该液晶的驱动器为 HD61202。

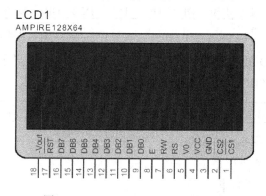

图 9-6 AMPIRE128×64 引脚结构图

1．HD61202 结构和引脚

HD61202 是一种带有列驱动输出的液晶显示控制器，可与行驱动器 HD61203 配合使用，组成液晶显示驱动控制系统。HD61202 的特点主要有：

（1）内藏 64×64=4096 位显示 RAM，RAM 中每位数据对应 LCD 屏上一个点的亮、暗状态。

（2）HD61202 是列驱动器，具有 64 路列驱动输出。

（3）HD61202 读、写操作时序与 68 系列微处理器相符，因此可直接与 68 系列微处理器接口相连。

（4）HD61202 的占空比为 1/32～1/64。

HD61202 的引脚功能如表 9-4 所示。

表 9-4　HD61202 的引脚功能表

引脚符号	状　态	引脚名称	功　　能
CS1, CS2, CS3	输入	芯片片选端	CS1 和 CS2 低电平选通，CS3 高电平选通
E	输入	读写使能信号	在 E 下降沿，数据被锁存（写）入 HD61202；在 E 高电平期间，数据被读出
R/W	输入	读写选择信号	R/W=1 为读选通，R/W=0 为写选通
RS	输入	数据、指令选择信号	RS=1 为数据操作　RS=0 为写指令或读状态
DB0-DB7	三态	数据总线	
RST	输入	复位信号	复位信号有效时，关闭液晶显示，使显示起始行为 0，RST 可跟 MPU 相连，由 MPU 控制；也可直接接 VDD，使之不起作用

2．HD61202 的指令系统

HD61202 的指令系统比较简单，总共有 7 种。现分别介绍如下。

（1）显示开/关指令

R/W　RS	DB7　DB6　DB5　DB4　DB3　DB2　DB1　DB0
0　　0	0　　0　　1　　1　　1　　1　　1　　1/0

当 DB0=1 时，LCD 显示 RAM 中的内容；DB0=0 时，关闭显示。

（2）显示起始行（ROW）设置指令

R/W　RS	DB7　DB6　DB5　DB4　DB3　DB2　DB1　DB0
0　　0	1　　1　　显示起始行（0～63）

该指令设置了对应液晶屏最上一行的显示 RAM 的行号，有规律地改变显示起始行，可使 LCD 实现显示滚屏的效果。

（3）页（RAGE）设置指令

R/W	RS		DB7	DB6	DB5	DB4	DB3	DB2	DB1	DB0
0	0		1	0	1	1	1	页号（0～7）		

显示RAM共64行，分8页，每页8行。

（4）列地址（Y Address）设置指令

R/W	RS		DB7	DB6	DB5	DB4	DB3	DB2	DB1	DB0
0	0		0	1	显示列地址（0～63）					

设置了页地址和列地址，就唯一确定了显示RAM中的一个单元，这样MPU就可以用读、写指令读出该单元中的内容或向该单元写进一个字节数据。HD61202显示RAM的地址结构，如图9-7所示。

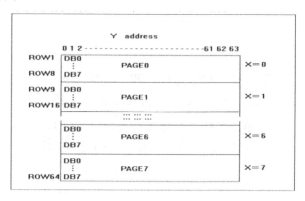

图9-7 HD61202显示RAM的地址结构

（5）读状态指令

R/W	RS		DB7	DB6	DB5	DB4	DB3	DB2	DB1	DB0
1	0		BUSY	0	ON/OFF	REST	0	0	0	0

该指令用来查询HD61202的状态，各参量含义如下。

BUSY：1-内部在工作，0-正常状态。

ON/OFF：1-显示关闭，0-显示打开。

REST：1-复位状态，0-正常状态。

在BUSY和REST状态时，除读状态指令外，其他指令均不对HD61202产生作用。在对HD61202操作之前要查询BUSY状态，以确定是否可以对HD61202进行操作。

（6）写数据指令

R/W	RS		DB7	DB6	DB5	DB4	DB3	DB2	DB1	DB0
0	1		写		数		据			

写数据到DDRAM。DDRAM是存储图形显示数据的，写指令执行后Y地址计数器自动加1。DB7～DB0位数据为1表示显示，数据为0表示不显示。写数据到DDRAM前，

要先执行"设置页地址"及"设置列地址"命令。写时序如图 9-8 所示。

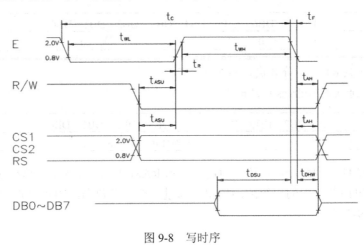

图 9-8　写时序

（7）读数据指令

R/W　RS	DB7　DB6　DB5　DB4　DB3　DB2　DB1　DB0
1　　1	读　　显　　示　　数　　据

从 DDRAM 读数据，读指令执行后 Y 地址计数器自动加 1，从 DDRAM 读数据前要先执行"设置页地址"及"设置列地址"命令。读时序如图 9-9 所示。

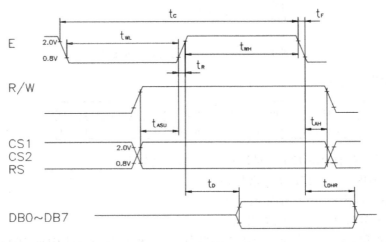

图 9-9　读时序

HD61202 与单片机的连接方式如图 9-10 所示。

当模块在接受指令前，微处理器必须先确认模块内部处于非忙碌状态，即读取 BF 标志时 BF 须为 0，方可接受新的指令；如果在送出一个指令前并不检查 BF 标志，那么在前一个指令和这个指令中间必须延迟一段较长的时间，即等待前一个指令确实执行完成，指令执行的时间请参考指令表中的个别指令说明。RE 为基本指令集与扩充指令集的选择控制位，当变更 RE 位后，之后的指令集将维持在最后的状态，除非再次变更 RE 位，否则使用相同指令集时，不需每次重设 RE 位。

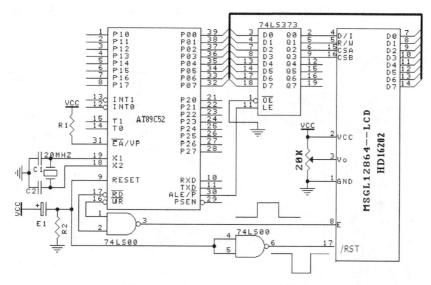

图 9-10　HD16202 与 MPU 的连接图

9.3.2　字模软件的使用

由于 HD61202 不带字库，这就需要程序员自己编写字库，每个字的字模如果采用人工的方法获取，工作量是很大的。所以这里向读者介绍一种简单易用的字模代码获取软件 zimo221。

双击 zimo221 图标，如图 9-11 所示，选择"文字输入区"选项卡并输入一个汉字或字母，例如这里输入"好"字，输入完成后注意按 Ctrl+Enter 快捷键结束输入。

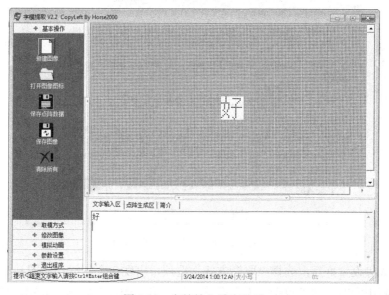

图 9-11　字符输入结束显示

接下来选择"参数设置"选项，如图 9-12 所示，出现两个图标"文字输入区字体选择"与"其他选项"。单击"文字输入区字体选择"图标可以把输入的字设置成不同的字体、字形与字号。

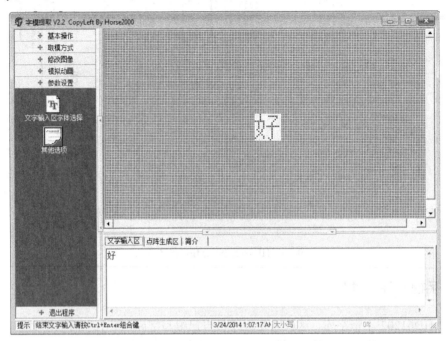

图 9-12　字符输入参数设置

当单击"其他选项"图标时，出现了取模方式与字节顺序设置对话框，如图 9-13 所示，用于设置取模方式。HD61202 的汉字取模方式是"纵向取模，字节倒序"。

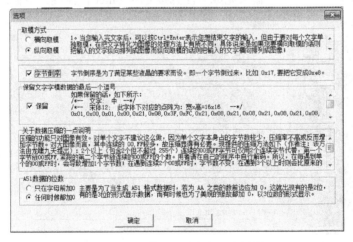

图 9-13　取模方式和字节顺序设置

取模方式等设置好后，选择"取模方式"选项，出现 3 个图标，如图 9-14 所示。其中前两种是经常用到的，而"数据压缩"在这里用不到，因此不做具体介绍。单击"C51 格式",将生成 C51 格式的取模数据,适合 C51 的程序使用;单击"A51 格式",将生成 A51 汇编代码格式的取模数据,适合 51 汇编程序使用。

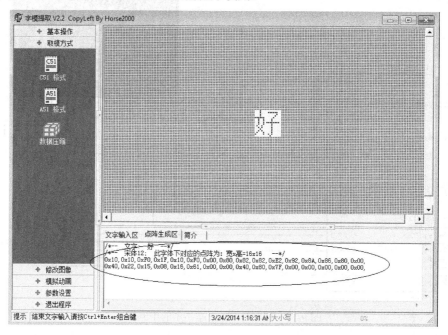

图 9-14 取模方式最终生成字模代码

最终形成的字模代码在点阵生成区显示出来,然后把代码复制粘贴到源程序的字符数组中即可。

9.4 任务四 使用 12864LCD 液晶显示屏显示

9.4.1 需求分析

用 Proteus 和 KeilC 仿真实现液晶屏显示"故人西辞黄鹤楼,烟花三月下扬州;孤帆远影碧空尽,唯见长江天际流。"任务描述如下:

(1)设计 128×64 液晶显示屏与单片机接口电路并阅读给定的驱动程序,将该程序导入 KeilC 并编译生成 HEX 文件,在 Proteus 中作原理图仿真。

(2)掌握字符取模软件的使用方法,并能将提取的字模代码导入程序。

9.4.2 电路设计

如图 9-15 所示为利用 AT89C52 单片机实现 12864LCD 液晶显示的电路图,按照图 9-15 所示放置并编辑 AT89C52 和 AMPIRE128×64 等元器件,仿真图时可以省去最小化系统部分,但实际电路中不能省略。

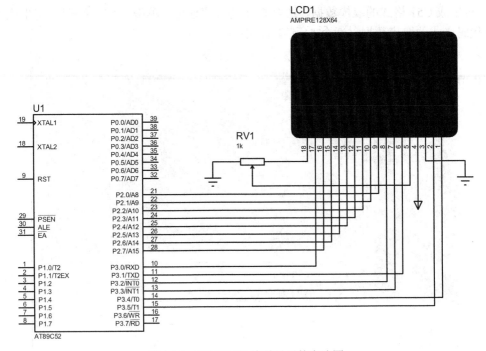

图 9-15　12864LCD 液晶显示的电路图

9.4.3　程序设计

将 LCD12864 控制程序单独写成一个文件，命名为 lcd12864.c，程序代码如下：

```c
#include <reg52.h>
#include "lcd12864.h"
#define LcdDataPort P2          //数据端口
sbit Reset = P3 ^ 0;            //复位
sbit RS = P3 ^ 1;              //指令数据选择
sbit E = P3 ^ 2;               //指令数据控制
sbit CS1 = P3 ^ 4;             //左屏幕选择，低电平有效
sbit CS2 = P3 ^ 5;             //右屏幕选择
sbit RW = P3 ^ 3;              //读写控制
sbit busy = P2 ^ 7;            //忙标志
void CheckState()
{
    E = 1;
    RS = 0;
    RW = 1;
    LcdDataPort = 0xff;
    while(!busy);
}
void LcdDelay(unsigned int time)
```

```
{
    while(time --);
}
void WriteData(uchar dat)
{
    CheckState();
    E = 1;
    RS = 1;
    RW = 0;
    LcdDataPort = dat;
    E = 0;
}
void SendCommand(uchar command)
{
    CheckState();
    E = 1;
    RW = 0;
    RS = 0;
    LcdDataPort = command;
    E = 0;
}
void SelectScreen(uchar screen)            //0—左屏，1—右屏，2—全屏
{
    switch(screen)
    {
        case 0 :
            CS1 = 0;
            LcdDelay(2);
            CS2 = 1;
            LcdDelay(2);
            break;
        case 1 :
            CS1 = 1;
            LcdDelay(2);
            CS2 = 0;
            LcdDelay(2);
            break;
        case 2 :
            CS1 = 0;
            LcdDelay(2);
            CS2 = 0;
            LcdDelay(2);
            break;
    }
}
```

```c
void SetColum(uchar colum)        //colum -> 0 :63，相当于两个 64×64 的屏
{
    colum = colum & 0x3f;
    colum = colum | 0x40;         //01xx xxxx
    SendCommand(colum);
}
void SetLine(uchar line)          //line -> 0 : 7
{
    line = line & 0x07;
    line = line | 0xb8;           //1011 1xxx
    SendCommand(line);
}
void ClearScreen(uchar screen)    // screen 0—左屏，1—右屏，2—全屏
{
    uchar i, j;
    SelectScreen(screen);
    for(i = 0; i < 8; i ++)
    {
        SetLine(i);
        SetColum(0);
        for(j = 0; j < 64; j ++)
            WriteData(0);
    }
}
void SetStartLine(uchar startline)    //startline -> 0 : 63
{
    startline = startline & 0x3f;
    startline = startline | 0xc0;     //11xxxxxx
    SendCommand(startline);
}
void SetOnOff(uchar onoff)         //1—开显示 0—关
{
    if(onoff == 1)
        SendCommand(0x3f);         //0011 111x
    else
        SendCommand(0x3e);
}
void ResetLcd()
{
    Reset = 0;
    LcdDelay(2);
    Reset = 1;
    LcdDelay(2);
    RS0 = 0;
    LcdDelay(2);
```

```c
        RS1 = 0;
        LcdDelay(2);
        SetOnOff(1);
}
void InitLcd()
{
        ResetLcd();
        //SetOnOff(0);
        ClearScreen(2);
        SetLine(0);
        SetColum(0);
        SetStartLine(0);
        SetOnOff(1);
}
void Show1616(uchar lin, uchar colum, uchar *address)
{
        uchar i;
        SetLine(lin);
        SetColum(colum);
        for(i = 0; i < 16; i ++)          //上半字
            WriteData(address[i]);
        SetLine(lin + 1);
        SetColum(colum);
        for(; i < 32; i ++)               //下半字
            WriteData(address[i]);
}
void ShowHZstr(uchar *ptr, uchar line, uchar colum, uchar Num)
{
        uchar i;
        uchar SelScrn = 0;
        SelScrn = 4 - (colum / 16);
        for(i = 0; i < Num; i ++)
        {
            if(i < SelScrn)
                SelectScreen(0);
            else
                SelectScreen(1);
            Show1616(line, colum , ptr);
            colum += 16;
            if(colum > 63)
                colum = 0;
            ptr += 32;
        }
}
```

设计相应的头文件 lcd12864.h，代码如下：

```
#ifndef _LCD12864_H_
#define _LCD12864_H_
typedef unsigned char uchar;
extern unsigned char code HZ_tab[];
extern void InitLcd();
extern void SetOnOff(uchar onoff);
extern void SelectScreen(uchar screen);
extern void Show1616(uchar lin,uchar colum,uchar *address);
extern void LcdDelay(unsigned int time);
extern void ShowHZstr(uchar *ptr,uchar line,uchar colum,uchar Num);
extern void ClearScreen(uchar screen);
extern void WriteData(uchar dat);
extern void SetColum(uchar colum);
extern void SetLine(uchar line);
#endif
```

将字模取出放在单独的字模文件 code.c 中

```
#ifndef _CODE_H_
#define _CODE_H_
unsigned char code DIS_tab[] =
{
/*-- 文字：  故  --*/
/*-- 宋体 12；   此字体下对应的点阵为：宽×高=16×16   --*/
0x10,0x10,0x10,0xFF,0x10,0x10,0x50,0x20,0xD8,0x17,0x10,0x10,0xF0,0x10,0x10,0x00,
0x00,0x7F,0x21,0x21,0x21,0x7F,0x80,0x40,0x21,0x16,0x08,0x16,0x21,0x40,0x80,0x00,
/*-- 文字：  人  --*/
/*-- 宋体 12；   此字体下对应的点阵为：宽×高=16×16   --*/
0x00,0x00,0x00,0x00,0x00,0x00,0xC0,0x3F,0xC0,0x00,0x00,0x00,0x00,0x00,0x00,0x00,
0x80,0x40,0x20,0x10,0x0C,0x03,0x00,0x00,0x00,0x03,0x0C,0x10,0x20,0x40,0x80,0x00,
/*-- 文字：  西  --*/
/*-- 宋体 12；   此字体下对应的点阵为：宽×高=16×16   --*/
0x02,0x02,0xE2,0x22,0x22,0xFE,0x22,0x22,0x22,0xFE,0x22,0x22,0xE2,0x02,0x02,0x00,
0x00,0x00,0xFF,0x48,0x44,0x43,0x40,0x40,0x40,0x43,0x44,0x44,0xFF,0x00,0x00,0x00,
/*-- 文字：  辞  --*/
/*-- 宋体 12；   此字体下对应的点阵为：宽×高=16×16   --*/
0x20,0x24,0x24,0xFE,0x23,0x22,0x00,0x88,0xA8,0xC9,0x8E,0xC8,0xA8,0x88,0x80,0x00,
0x00,0x7F,0x21,0x21,0x21,0x7F,0x00,0x04,0x04,0x04,0xFF,0x04,0x04,0x04,0x00,0x00,
/*-- 文字：  黄  --*/
/*-- 宋体 12；   此字体下对应的点阵为：宽×高=16×16   --*/
0x10,0x10,0x12,0xD2,0x52,0x5F,0x52,0xF2,0x52,0x5F,0x52,0xD2,0x12,0x10,0x10,0x00,
0x00,0x00,0x00,0x9F,0x52,0x32,0x12,0x1F,0x12,0x32,0x52,0x9F,0x00,0x00,0x00,0x00,
/*-- 文字：  鹤  --*/
/*-- 宋体 12；   此字体下对应的点阵为：宽 x 高=16x16   --*/
0x80,0x4C,0xE4,0x3C,0x27,0xEC,0x34,0x2C,0x00,0xFC,0x16,0x25,0x84,0xFC,0x00,0x00,
0x00,0x00,0xFF,0x49,0x49,0x7F,0x49,0x49,0x00,0x13,0x12,0x12,0x52,0x82,0x7E,0x00,
/*-- 文字：  楼  --*/
```

/*-- 宋体 12；　此字体下对应的点阵为：宽×高=16×16　　--*/
0x10,0x90,0xFF,0x90,0x10,0x00,0x90,0x52,0x34,0x10,0x7F,0x10,0x34,0x52,0x90,0x00,
0x06,0x01,0xFF,0x00,0x01,0x82,0x82,0x5A,0x56,0x23,0x22,0x52,0x4E,0x82,0x02,0x00,
/*-- 文字：　，　--*/
/*-- 宋体 12；　此字体下对应的点阵为：宽×高=16×16　　--*/
0x00,0x00,0x00,0x00,0x00,0x00,0x00,0x00,0x00,0x00,0x00,0x00,0x00,0x00,0x00,0x00,
0x00,0x00,0x58,0x38,0x00,0x00,0x00,0x00,0x00,0x00,0x00,0x00,0x00,0x00,0x00,0x00,
/*-- 文字：　烟　--*/
/*-- 宋体 12；　此字体下对应的点阵为：宽×高=16×16　　--*/
0x80,0x70,0x00,0xFF,0x10,0x08,0xFE,0x42,0x42,0x42,0xFA,0x42,0x42,0x42,0xFE,0x00,
0x80,0x60,0x18,0x07,0x08,0x10,0xFF,0x50,0x48,0x46,0x41,0x42,0x4C,0x40,0xFF,0x00,
/*-- 文字：　花　--*/
/*-- 宋体 12；　此字体下对应的点阵为：宽×高=16×16　　--*/
0x04,0x04,0x04,0x84,0x6F,0x04,0x04,0x04,0xE4,0x04,0x8F,0x44,0x24,0x04,0x04,0x00,
0x04,0x02,0x01,0xFF,0x00,0x10,0x08,0x04,0x3F,0x41,0x40,0x40,0x40,0x40,0x78,0x00,
/*-- 文字：　三　--*/
/*-- 宋体 12；　此字体下对应的点阵为：宽×高=16×16　　--*/
0x00,0x04,0x84,0x84,0x84,0x84,0x84,0x84,0x84,0x84,0x84,0x84,0x84,0x04,0x00,0x00,
0x20,0x20,0x20,0x20,0x20,0x20,0x20,0x20,0x20,0x20,0x20,0x20,0x20,0x20,0x20,0x00,
/*-- 文字：　月　--*/
/*-- 宋体 12；　此字体下对应的点阵为：宽×高=16×16　　--*/
0x00,0x00,0x00,0xFE,0x22,0x22,0x22,0x22,0x22,0x22,0x22,0x22,0xFE,0x00,0x00,0x00,
0x80,0x40,0x30,0x0F,0x02,0x02,0x02,0x02,0x02,0x02,0x42,0x82,0x7F,0x00,0x00,0x00,
/*-- 文字：　下　--*/
/*-- 宋体 12；　此字体下对应的点阵为：宽×高=16×16　　--*/
0x02,0x02,0x02,0x02,0x02,0x02,0xFE,0x02,0x02,0x42,0x82,0x02,0x02,0x02,0x02,0x00,
0x00,0x00,0x00,0x00,0x00,0x00,0xFF,0x00,0x00,0x00,0x00,0x01,0x06,0x00,0x00,0x00,
/*-- 文字：　扬　--*/
/*-- 宋体 12；　此字体下对应的点阵为：宽×高=16×16　　--*/
0x10,0x10,0x10,0xFF,0x10,0x90,0x00,0x42,0xE2,0x52,0x4A,0xC6,0x42,0x40,0xC0,0x00,
0x04,0x44,0x82,0x7F,0x01,0x20,0x10,0x8C,0x43,0x20,0x18,0x47,0x80,0x40,0x3F,0x00,
/*-- 文字：　州　--*/
/*-- 宋体 12；　此字体下对应的点阵为：宽×高=16×16　　--*/
0x00,0xE0,0x00,0xFF,0x00,0x20,0xC0,0x00,0xFE,0x00,0x20,0xC0,0x00,0xFF,0x00,0x00,
0x81,0x40,0x30,0x0F,0x00,0x00,0x00,0x00,0x3F,0x00,0x00,0x00,0x00,0xFF,0x00,0x00,
/*-- 文字：　；　--*/
/*-- 宋体 12；　此字体下对应的点阵为：宽×高=16×16　　--*/
0x00,0x00,0x00,0x00,0x00,0x00,0x00,0x00,0x00,0x00,0x00,0x00,0x00,0x00,0x00,0x00,
0x00,0x00,0x5B,0x3B,0x00,0x00,0x00,0x00,0x00,0x00,0x00,0x00,0x00,0x00,0x00,0x00,
/*-- 文字：　孤　--*/
/*-- 宋体 12；　此字体下对应的点阵为：宽×高=16×16　　--*/
0x02,0x02,0xF2,0x8A,0x46,0x00,0xFC,0x04,0xFC,0x04,0x02,0xFE,0x03,0x02,0x00,0x00,
0x42,0x82,0x7F,0x00,0x80,0x60,0x1F,0x00,0x7F,0x28,0x10,0x61,0x0E,0x30,0x40,0x00,
/*-- 文字：　帆　--*/
/*-- 宋体 12；　此字体下对应的点阵为：宽×高=16×16　　--*/

```
0x00,0xF8,0x08,0xFF,0x08,0xF8,0x00,0xFE,0x42,0x82,0x02,0xFE,0x00,0x00,0x00,0x00,
0x00,0x0F,0x00,0xFF,0x08,0x8F,0x60,0x1F,0x00,0x01,0x00,0x3F,0x40,0x40,0x78,0x00,
```
/*-- 文字： 远 --*/
/*-- 宋体 12；此字体下对应的点阵为：宽×高=16×16 --*/
```
0x40,0x40,0x42,0xCC,0x00,0x20,0x22,0xE2,0x22,0x22,0xE2,0x22,0x22,0x20,0x00,0x00,
0x00,0x80,0x40,0x3F,0x40,0xA0,0x98,0x87,0x80,0x80,0x9F,0xA0,0xA0,0xBC,0x80,0x00,
```
/*-- 文字： 影 --*/
/*-- 宋体 12；此字体下对应的点阵为：宽×高=16×16 --*/
```
0x80,0xBE,0xAA,0xAA,0xEA,0xAA,0xAA,0xBE,0x80,0x20,0x10,0x08,0x86,0x60,0x00,
0x40,0x2E,0x0A,0x8A,0xFA,0x0A,0x0A,0x2E,0x40,0x80,0x84,0x42,0x21,0x10,0x0C,0x00,
```
/*-- 文字： 碧 --*/
/*-- 宋体 12；此字体下对应的点阵为：宽×高=16×16 --*/
```
0x42,0x4A,0x4A,0x7E,0x2A,0x2A,0x22,0x00,0x7C,0x56,0x55,0x54,0x54,0x7C,0x00,0x00,
0x10,0x11,0x09,0x09,0xFD,0x4B,0x49,0x49,0x49,0x49,0x49,0xF9,0x01,0x01,0x00,0x00,
```
/*-- 文字： 空 --*/
/*-- 宋体 12；此字体下对应的点阵为：宽×高=16×16 --*/
```
0x10,0x0C,0x44,0x24,0x14,0x04,0x05,0x06,0x04,0x04,0x14,0x24,0x44,0x14,0x0C,0x00,
0x00,0x40,0x40,0x41,0x41,0x41,0x41,0x7F,0x41,0x41,0x41,0x41,0x40,0x40,0x00,0x00,
```
/*-- 文字： 尽 --*/
/*-- 宋体 12；此字体下对应的点阵为：宽×高=16×16 --*/
```
0x00,0x00,0x00,0xFE,0x22,0x22,0x22,0x22,0x22,0xE2,0x22,0x22,0x7E,0x00,0x00,0x00,
0x10,0x08,0x06,0x01,0x10,0x10,0x22,0x22,0x44,0x80,0x01,0x02,0x04,0x08,0x08,0x00,
```
/*-- 文字： ， --*/
/*-- 宋体 12；此字体下对应的点阵为：宽×高=16×16 --*/
```
0x00,0x00,0x00,0x00,0x00,0x00,0x00,0x00,0x00,0x00,0x00,0x00,0x00,0x00,0x00,0x00,
0x00,0x00,0x58,0x38,0x00,0x00,0x00,0x00,0x00,0x00,0x00,0x00,0x00,0x00,0x00,0x00,
```
/*-- 文字： 唯 --*/
/*-- 宋体 12；此字体下对应的点阵为：宽×高=16×16 --*/
```
0x00,0xFC,0x04,0x04,0xFC,0x40,0x20,0xF8,0x4F,0x48,0x49,0xFA,0x48,0x48,0x08,0x00,
0x00,0x0F,0x04,0x04,0x0F,0x00,0x00,0xFF,0x22,0x22,0x22,0x3F,0x22,0x22,0x20,0x00,
```
/*-- 文字： 见 --*/
/*-- 宋体 12；此字体下对应的点阵为：宽×高=16×16 --*/
```
0x00,0x00,0x00,0xFE,0x02,0x02,0x02,0xF2,0x02,0x02,0x02,0xFE,0x00,0x00,0x00,0x00,
0x80,0x80,0x40,0x47,0x20,0x18,0x06,0x01,0x7E,0x80,0x80,0x87,0x80,0x80,0xE0,0x00,
```
/*-- 文字： 长 --*/
/*-- 宋体 12；此字体下对应的点阵为：宽×高=16×16 --*/
```
0x80,0x80,0x80,0x80,0xFF,0x80,0x80,0xA0,0x90,0x88,0x84,0x82,0x80,0x80,0x80,0x00,
0x00,0x00,0x00,0x00,0xFF,0x40,0x21,0x12,0x04,0x08,0x10,0x20,0x20,0x40,0x40,0x00,
```
/*-- 文字： 江 --*/
/*-- 宋体 12；此字体下对应的点阵为：宽 x 高=16x16 --*/
```
0x10,0x60,0x02,0x0C,0xC0,0x04,0x04,0x04,0x04,0xFC,0x04,0x04,0x04,0x04,0x00,0x00,
0x04,0x04,0x7C,0x03,0x20,0x20,0x20,0x20,0x20,0x3F,0x20,0x20,0x20,0x20,0x20,0x00,
```
/*-- 文字： 天 --*/
/*-- 宋体 12；此字体下对应的点阵为：宽×高=16×16 --*/
```
0x40,0x40,0x42,0x42,0x42,0x42,0x42,0xFE,0x42,0x42,0x42,0x42,0x42,0x40,0x40,0x00,
```

```
0x80,0x80,0x40,0x20,0x10,0x0C,0x03,0x00,0x03,0x0C,0x10,0x20,0x40,0x80,0x80,0x00,
/*-- 文字：  际  --*/
/*-- 宋体12；   此字体下对应的点阵为：宽×高=16×16   --*/
0x00,0xFE,0x22,0x5A,0x86,0x00,0x20,0x22,0x22,0x22,0xE2,0x22,0x22,0x22,0x20,0x00,
0x00,0xFF,0x04,0x08,0x07,0x10,0x0C,0x03,0x40,0x80,0x7F,0x00,0x01,0x06,0x18,0x00,
/*-- 文字：  流  --*/
/*-- 宋体12；   此字体下对应的点阵为：宽×高=16×16   --*/
0x10,0x60,0x02,0x8C,0x00,0x44,0x64,0x54,0x4D,0x46,0x44,0x54,0x64,0xC4,0x04,0x00,
0x04,0x04,0x7E,0x01,0x80,0x40,0x3E,0x00,0x00,0xFE,0x00,0x00,0x7E,0x80,0xE0,0x00,
/*-- 文字：  。  --*/
/*-- 宋体12；   此字体下对应的点阵为：宽×高=16×16   --*/
0x00,0x00,0x00,0x00,0x00,0x00,0x00,0x00,0x00,0x00,0x00,0x00,0x00,0x00,0x00,0x00,
0x00,0x00,0x18,0x24,0x24,0x18,0x00,0x00,0x00,0x00,0x00,0x00,0x00,0x00,0x00,0x00
};
#endif
```

再编辑主程序 main.c，如下所示：

```c
#include <reg52.h>
#include "lcd12864.h"
unsigned char gudLcdFlg = 0;
unsigned int Timer500msCount = 0;
unsigned char gudNextSrnFlag = 0;
void INT_init()
{
    EA=1;
    ET0=1;
    TMOD=0x01;
    TR0=1;
}
void main()
{
    INT_init();
    InitLcd();
    SetLine(0);
    SetColum(0);
    ShowHZstr(HZ_tab,2,16,6);
    ShowHZstr(HZ_tab+32*6,5,0,7);
    while(1)
    {
        if(gudNextSrnFlag)                  //显示第一屏
        {
            gudNextSrnFlag = 0;
            ClearScreen(2);
            ShowHZstr(HZ_tab,2,16,6);
            ShowHZstr(HZ_tab+32*6,5,0,7);
```

```
        }
        if(gudLcdFlg)                          //显示第二屏
        {
            gudLcdFlg = 0;
            ClearScreen(2);
            ShowHZstr(Connect,0,0,5);
            ShowHZstr(Connect+32*5,3,0,8);
            ShowHZstr(TimeDate,6,0,8);
        }
    }
}
void Timer0(void) interrupt 1 using 2
{
    TH0=(65536-10000)/256;
    TL0=(65536-10000)%256;
    if(Timer500msCount < 500)
    {
        Timer500msCount++;
    }
    if(250 == Timer500msCount)
    {
        gudLcdFlg = 1;
    }
    else if(Timer500msCount >= 500)
    {
        Timer500msCount = 0;
        gudNextSrnFlag = 1;
    }
}
```

9.4.4 系统调试和仿真

电路程序设计好后，打开 Proteus 电路，加载程序编译后生成的 HEX 文件。进行仿真运行，看见 LCD 显示屏上显示"故人西辞黄鹤楼，烟花三月下扬州；孤帆远影碧空尽，唯见长江天际流。"至此任务完成。

9.5 任务五 认识 LED 点阵

9.5.1 LED 点阵结构

LED 电子显示屏是随着计算机及相关的微电子、光电子技术的迅猛发展而形成的一种新型信息显示媒体，利用发光二极管构成的点阵模块或像素单元组成可变面积的显示屏幕，以可靠性高、使用寿命长、环境适应能力强、性能价格比高、使用成本低等特点，在短短十年左右，迅速成长为平板显示的主流产品，在信息显示领域得到了广泛的应用。LED 点阵电子显示屏是集微电子技术、计算机技术、信息处理技术于一体的大型显示屏系统，以其色彩鲜艳，动态范围广，亮度高，寿命长，工作稳定可靠等优点而成为众多显示媒体以及户外作业显示的理想选择，同时也可广泛应用到军事、车站、宾馆、体育、新闻、金融、证券、广告以及交通运输等许多行业。

LED 点阵显示屏以发光二极管为像素，用高亮度发光二极管芯阵列组合后，以环氧树脂和塑模封装而成，具有高亮度、功耗低、引脚少、视角大、寿命长、耐湿、耐冷热、耐腐蚀等特点。

LED 电子显示屏由几万到几十万个半导体发光二极管像素点均匀排列组成。利用不同的材料可以制造不同色彩的 LED 像素点。目前应用最广的是红色、绿色、黄色。而蓝色和纯绿色 LED 的开发已经达到了实用阶段。LED 点阵显示器单块使用时，既可代替数码管显示数字，也可显示各种中西文字及符号。如 5×7 点阵显示器用于显示西文字母，5×8 点阵显示器用于显示中西文，8×8 点阵用于显示中文文字，也可用于图形显示。用多块点阵显示器组合则可构成大屏幕显示器，但这类实用装置常通过微机或单片机控制驱动。

如图 9-16 所示为点阵结构图，从内部结构可以看出 8×8 点阵共需要 64 个发光二极管，每个发光二极管都是放置在各行和列的交叉点上。当对应的某一行置高电平，某一列置低电平时，则在该行和列的交叉点上相应的二极管被点亮。

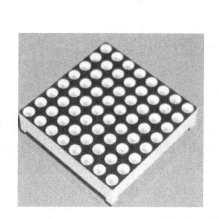
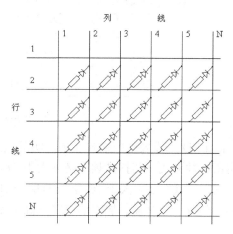

图 9-16　点阵外部结构和内部结构

9.5.2　点阵显示方式

LED 点阵显示屏按照显示的内容可以分为图文显示屏、图像显示屏和视频显示屏。与图像显示屏相比，图文显示屏的特点在于无论是单色还是彩色显示屏都没有颜色上的灰度差别，因此图文显示屏体现不出色彩的丰富性，而视频显示屏不仅能够显示运动、清晰和全彩色的图像，还能够播放电视和计算机信号。虽然这三者有一些区别，但它们最基础的显示控制原理都是相似的。

按照显示控制的要求以一定的格式形成显示数据。对于只控制通断的图文显示屏来说，每个 LED 发光器件占据数据中的 1 位（1bit），在需要该 LED 器件发光的数据中相应的位填 1，否则填 0。当然，根据控制电路的安排，相反的定义同样是可行的。这样依照所需显示的图形文字，按显示屏的各行各列逐点填写显示数据，就可以构成一个显示数据文件。显示图形的数据文件，其格式相对自由，只要能够满足显示控制的要求即可。文字的点阵格式比较规范，可以采用现行计算机通用的字库字模组成一个字的点阵，其大小也可以有 16×16、24×24、32×32、48×48 等不同规格。用点阵方式构成图形或文字是非常灵活的，可以根据需要任意组合和变化，只要设计好合适的数据文件，就可以得到满意的显示效果。因而采用点阵式图文显示屏显示经常需要变化的信息是非常有效的。

LED 点阵要用能把点阵点亮的万用表测量，大多数的数字万用表可以点亮 LED 点阵，只是非常暗淡；有些用两只 1.5V 电池的指针万用表可以把 LED 点阵点得很亮；只用一个 1.5V 电池的指针万用表不能点亮 LED 点阵。其实最简单的方法是用 5V 电源，串联个 1kΩ 的电阻，即可清楚地判断 LED 点阵，如图 9-17 所示。也可以用数字表中的二极管档直接测 PN 结压降，通常正向时，PN 结压降会有显示，此时 LED 点阵可能会被点亮，反向时，PN 结压降基本上是无穷大。

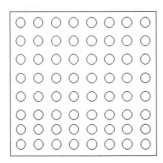 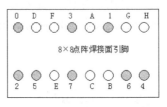

图 9-17　8×8LED 点阵外观及引脚图

点阵 LED 一般采用扫描式显示，实际运用分为 3 种方式：点扫描、行扫描和列扫描。若使用第一种方式，其扫描频率必须大于 16×64=1024Hz，周期小于 1ms 即可。若使用后两种方式，则频率必须大于 16×8=128Hz，周期小于 7.8ms 即可符合视觉暂留要求。此外一次驱动一列或一行时需外加驱动电路提高电流，否则 LED 会亮度不足。

9.6　任务六　使用 8×8LED 点阵显示

9.6.1　需求分析

用 Proteus 和 KeilC 仿真实现利用 8×8LED 点阵显示 0～9 的数字。任务描述如下：

（1）了解 LED 点阵屏的工作原理、扫描方法、设计要求，并能编写驱动程序。

（2）了解计算机中点阵的显示原理，熟悉动态扫描的基本方法和要求。

（3）设计 8×8LED 点阵屏与单片机接口电路，并阅读给定的驱动程序，将该程序导入

KeilC 并编译生成 HEX 文件，在 Proteus 中作原理图仿真。

9.6.2　电路设计

如图 9-18 所示为利用 AT89C52 单片机实现 8×8LED 点阵显示的电路图，利用 74LS245 作为点阵模块的驱动，以提高电流。运行 Proteus 软件，新建设计文件。按照图 9-18 所示放置并编辑 AT89C52、CRYSTAL、CAP、RES、LED、74LS245 等元器件。完成独立式键盘电路设计后，进行电气规则检查。P0 口作为列线，数据输出端，送给 LED 点阵显示的数据；P3 口作为行线，扫描输出端，扫描 LED 点阵，使 LED 发光。

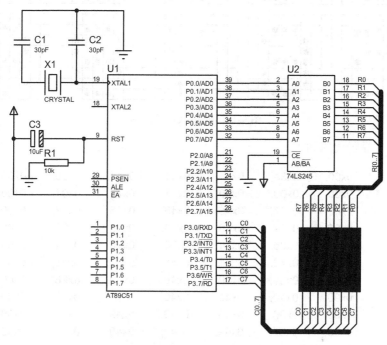

图 9-18　8×8LED 点阵实验 Proteus 仿真电路图

9.6.3　程序设计

1. 计数器初值计算

计算公式：

$$TC = M - T/T_{计数}$$

式中，TC 为定时初值，$T_{计数}$ 为单片机时钟周期 T_{CLK} 的 12 倍，M 为计数器的模值，该值和计数器的工作方式有关，方式 0 时 M 为 2^{13}，方式 1 时 M 为 2^{16}，方式 2 和 3 时 M 为 2^8。则 $TC = 2^{13} - 2ms/1\mu s$。

2. 数字 0～9 点阵显示代码的形成

假设显示数字 0，形成的列代码为 0x00，0x3e，0x41，0x41，0x41，0x3e，0x00，0x00；

只要把代码传送到相应的列线上，即可显示数字 0。传送第一列数据代码到 P3 口上，同时置第一行为 0，其他行为 1，延时 2ms；传送第二列数据代码到 P3 口上，同时置第二行为 0，其他行为 1，延时 2ms，如此，直到送完最后一列数据代码，又从头开始传送。如图 9-19 所示为数字 0～9 代码建立图。

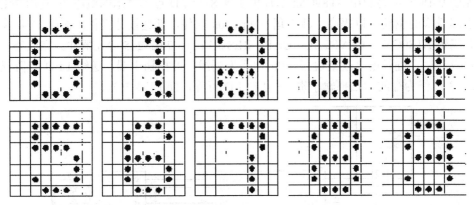

图 9-19 0～9 代码建立图

数字 0～9 显示代码如下。

0: 0x00,	0x00,	0x3e,	0x41,	0x41,	0x41,	0x3e,	0x00
1: 0x00,	0x00,	0x00,	0x00,	0x21,	0x7f,	0x01,	0x00
2: 0x00,	0x00,	0x27,	0x45,	0x45,	0x45,	0x39,	0x00
3: 0x00,	0x00,	0x22,	0x49,	0x49,	0x49,	0x36,	0x00
4: 0x00,	0x00,	0x0c,	0x14,	0x24,	0x7f,	0x04,	0x00
5: 0x00,	0x00,	0x72,	0x51,	0x51,	0x51,	0x4e,	0x00
6: 0x00,	0x00,	0x3e,	0x49,	0x49,	0x49,	0x26,	0x00
7: 0x00,	0x00,	0x40,	0x40,	0x40,	0x4f,	0x70,	0x00
8: 0x00,	0x00,	0x36,	0x49,	0x49,	0x49,	0x36,	0x00
9: 0x00,	0x00,	0x32,	0x49,	0x49,	0x49,	0x3e,	0x00

3. 程序实现

本程序实现代码如下：

```
#include <reg52.h>
#include <intrins.h>
#define uchar unsigned char
#define uint unsigned int
uchar code Table_OF_Digits[]=
{
    0x00,0x00,0x3e,0x41,0x41,0x41,0x3e,0x00,
    0x00,0x00,0x00,0x00,0x21,0x7f,0x01,0x00,
    0x00,0x00,0x27,0x45,0x45,0x45,0x39,0x00,
    0x00,0x00,0x22,0x49,0x49,0x49,0x36,0x00,
    0x00,0x00,0x0c,0x14,0x24,0x7f,0x04,0x00,
```

210

```
    0x00,0x00,0x72,0x51,0x51,0x51,0x4e,0x00,
    0x00,0x00,0x3e,0x49,0x49,0x49,0x26,0x00,
    0x00,0x00,0x40,0x40,0x40,0x4f,0x70,0x00,
    0x00,0x00,0x36,0x49,0x49,0x49,0x36,0x00,
    0x00,0x00,0x32,0x49,0x49,0x49,0x3e,0x00,
};
uchar i=0,t=0,Num_Index = 0;
void main()
{
    P3 = 0x80;
    Num_Index = 0;
    TMOD = 0x00;
    TH0 = (8192-2000)/32;
    TL0 = (8192-2000)%32;
    TR0 = 1;
    IE = 0x82;
    while(1);
}
void LED_Screen_Display() interrupt 1
{
    TH0 = (8192-2000)/32;
    TL0 = (8192-2000)%32;
    P3 = _crol_(P3,1);
    P0 = ~Table_OF_Digits[Num_Index * 8 +i];
    if(++i == 8) i = 0;
    if(++t == 250)
    {
        t = 0x00;
        if(++Num_Index == 10) Num_Index = 0;
    }
}
```

9.6.4 系统调试和仿真

电路程序设计好后，打开 Proteus 电路，加载程序编译后生成的 HEX 文件。进行仿真运行，看见 8×8LED 点阵循环显示数字 0~9，至此任务完成。

9.7 任务七 使用 8×8LED 点阵拓展提高

9.7.1 需求分析

在 8×8LED 点阵上显示柱形，让其先从左到右平滑移动 3 次，再从右到左平滑移动 3

次，再次从上到下平滑移动 3 次，最后从下到上平滑移动 3 次，如此循环下去。

8×8LED 点阵由 64 个发光二极管组成，且每个发光二极管是放置在行线和列线的交叉点上，当对应的某一列置 1 电平，某一行置 0 电平，则相应的二极管点亮；因此要实现一根柱形的亮法，对应的一列为一根竖柱，或者对应的一行为一根横柱，因此使柱亮的方法如下。

（1）一根竖柱：对应的列置 1，而行则采用扫描的方法实现。

（2）一根横柱：对应的行置 0，而列则采用扫描的方法实现。

9.7.2　程序设计

本实例程序设计如下：

```c
#include <AT89X52.H>
unsigned char code taba[]={0xfe,0xfd,0xfb,0xf7,0xef,0xdf,0xbf,0x7f};
unsigned char code tabb[]={0x01,0x02,0x04,0x08,0x10,0x20,0x40,0x80};
void delay(void)
{
    unsigned char i,j;
    for(i=10;i>0;i--)
        for(j=248;j>0;j--);
}
void delay1(void)
{
    unsigned char i,j,k;
    for(k=10;k>0;k--)
        for(i=20;i>0;i--)
            for(j=248;j>0;j--);
}
void main(void)
{
    unsigned char i,j;
    while(1)
    {
        for(j=0;j<3;j++)                 //从左向右循环 3 次
        {
            for(i=0;i<8;i++)
            {
                P0=taba[i];
                P3=0xff;
                delay1();
            }
        }
        for(j=0;j<3;j++)                 //从右向左循环 3 次
        {
```

```
            for(i=0;i<8;i++)
            {
                    P0=taba[7-i];
                    P3=0xff;
                    delay1();
            }
    }
    for(j=0;j<3;j++)                    //从上向下循环 3 次
    {
            for(i=0;i<8;i++)
            {
                    P0=0x00;
                    P3=tabb[7-i];
                    delay1();
            }
    }
    for(j=0;j<3;j++)                    //从下向上循环 3 次
    {
            for(i=0;i<8;i++)
            {
                    P0=0x00;
                    P3=tabb[i];
                    delay1();
            }
    }
  }
}
```

关键知识点小结

1. 项目通过对字符型 LCD 的显示控制，让读者熟悉字符型 LCD 液晶显示原理，训练单片机并行 I/O 端口和字符串应用能力。

2. 12864LCD 的点阵是按照字节方式 8 个点一组来控制，一个 16 点阵的汉字在 LCD 上显示是采用 16×16 个点来表达的，即需要 32 个字节的编码数据。同理，如果是 16×8 字符就需要 16 个字节的编码数据。数据编码有不同的取模方式与字节顺序：横向取模与纵向取模、字节顺序与字节倒序。HD61202 的取模方式是纵向取模、字节倒序。

3. 点阵显示的主程序流程图如图 9-20 所示。同一切能够显示图像的设备一样，LED 点阵显示屏也需要一定的数据刷新率。实践证明，只有不低于 50 帧/s，人眼才感觉不到闪烁。所以，人的视觉暂留效应决定设计要求每秒最低扫描 LED 屏 50 次。另外，LED 具有一定的响应时间和余辉效应，如果给它的电平持续时间很短，例如，1μs 将不能充分将其点亮，一般要求电平持续时间是 1ms。当 LED 点亮后撤掉电平不会立即熄灭。这样从左到右扫描完一帧，看起来就是同时亮的。

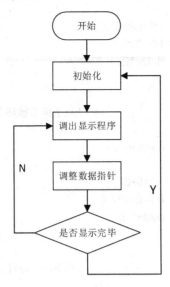

图 9-20　主程序流程图

课后习题

1．利用图 9-5 的接口电路，实现 LCD 显示功能编程，要求 LCD 第一行显示年月日，第二行显示时间。

2．利用图 9-18 的接口电路，实现 8×8LED 点阵显示功能编程，要求显示图像"➡"，并且显示的图像从左往右水平移动。

3．液晶显示屏的分类有哪些？其显示方式有几种？

4．1602LCD 初始化的过程是什么？

5．说明 LED 点阵的结构，并详细说明 LED 点阵的检测方法。

6．LED 点阵的扫描方式有哪些？根据人眼视觉暂留效应，要使 LED 点阵上能清晰地显示图像，其扫描频率是多少？

项目十　单片机综合项目设计与实现

单片机应用系统的设计包括硬件设计与软件设计，本项目包括 3 个典型的单片机应用系统，通过这 3 个任务使读者掌握包括输入部分、输出部分、人机界面的设计。重点掌握单片机应用系统软件编程技巧。

- 📖　任务一　简易音乐盒设计
- 📖　任务二　液晶电子钟电路设计与实现
- 📖　任务三　4 路温度采集显示电路的设计与实现

10.1　任务一　简易音乐盒设计

10.1.1　乐曲的基本知识

如何让单片机控制的电路发出符合演奏要求的音符呢？如果做到按不同的键能根据音阶发出不同的声音，一个简单的电子演奏乐器就制作完成了。若预先将几首动听的歌曲以程序的形式保存在存储器中，再通过按键进行点播，利用单片机的 I/O 口外接一个发声器件，当程序运行时就能发出相应的声音，若搭配一个美观的外壳，一个实用的音乐盒就制作完成了。

那么如何确定音调与节拍呢？一般来说，单片机演奏音乐基本都是单音频率，不包含相应幅度的谐波频率。也就是说，不像电子琴那样能奏出多种音色的声音。因此单片机奏乐只需弄清楚两个概念即可，就是"音调"和"节拍"，表示一个音符响多长的时间。

利用单片机演奏完整的乐曲需要明确以下几个知识点。

1．音阶与音调的概念

音阶就是人们通常唱出的 1、2、3、4、5、6、7（do-re-mi-fa-so-la-si），它是 7 个频率之间满足某种数学关系由低到高排列的自然音，一旦确定某一个音，如 1（do）的频率，其他音的频率也就确定了，若由 12 个音组成，还可产生半音阶；而音调是指声音的高低，由声音的频率来决定，确定某一个音，如 1（do）的频率，就确定了音调。通过改变单片机输出脉冲高低电平的保持时间和频率即可得到音阶和调节不同的音调。

2．节拍的概念

节拍是控制一个音符输出的时间，是反映一首乐曲节奏特征最重要的标志。例如，1 拍、2 拍、1/2 拍、1/4 拍等。要准确地演奏出一首曲子，必须要准确地控制乐曲的节奏，即每一个音符的持续时间。例如，一首曲子的节奏为每分钟 94 拍，那么一拍就为 60/94=0.64s，即一个一拍音符要唱 0.64s，可设置一个 0.64ds 的定时器，定时时间一到就换下一个音符。

3．音调的确定

不同音高的乐音是用 do、re、mi、fa、so、la、si 表示的，它们一般依次唱成简谱的 1、2、3、4、5、6、7，相当于汉字的"多来米发梭拉西"的读音，这是唱曲时乐音的发音，所以叫做"音调"。把 do、re、mi、fa、so、la、si 这一组音的距离分成 12 个等份，每一个等份叫一个"半音"。两个音之间的距离有两个"半音"，就叫做"全音"。在钢琴等键盘乐器上，do-re、re-mi、fa-so、so-la、la-si 两音之间隔着一个黑键，它们之间的距离就是全音；mi-fa、si-do 两音之间没有黑键相隔，它们之间的距离就是半音。通常唱成 1、2、3、4、5、6、7 的音叫做自然音，那些在它们的左上角加上"#"号或者"B"号的叫做变化音。"#"为升记号，表示在原来的音基础上升高半音。"B"为降记号，表示在原来的音基础上降低半音。例如，高音 do 的频率（1046Hz）刚好是中音 do 的频率（523Hz）的两倍，中音 do 的频率刚好是低音 do 的频率（262Hz）的两倍；同样，高音 re 的频率（1175Hz）大概是中音 re 的频率（587Hz）的两倍，中音 re 的频率（587Hz）大概是低音 re 的频率（294Hz）的两倍。

（1）要产生音频脉冲，只要算出某一音频的周期（1/频率），然后将此周期除以 2，即为半周期的时间。利用定时器计时这半个周期时间，每当计时结束后就将输出脉冲的电平反相，然后重复计时此半周期时间，再对脉冲的电平反相，即可在 I/O 脚上得到此频率的脉冲。

（2）利用 AT89C51 的内部定时器 T0 使其工作在计数器模式方式 1 下，改变计数值 TH0 及 TL0 以产生不同频率的方法。此外结束符和休止符可以分别用代码 00H 和 FFH 表示，若查表结果为 00H，则表示曲子终了；若查表结果为 FFH，则产生相应的停顿效果。

（3）例如，频率为 523Hz，其周期 T=1/523=1912μs，因此只要令计数器计时 956μs/1μs=956，在每次计数 956 次时将脉冲的电平反相，就可得到中音 do（523Hz）。

计数脉冲值与频率的关系公式如下：

$$N=Fi \div 2 \div Fr$$

N：计算值。

Fi：采用 12MHz 的晶振则内部计时一次为 1μs，故其频率为 1MHz。

Fr：该音调对应的频率。

（4）其计数值的求法如下：

$$T=65536-N=65536-Fi \div 2 \div Fr$$

例如，单片机采用 12MHz 的晶振，求低音 do（262Hz）、中音 do（523Hz）、高音 do（1046Hz）的计数值。

低音 do 的计数值 T=65536-1000000÷2÷262=63628

中音 do 的计数值 T=65536-1000000÷2÷523=64580

高音 do 的计数值 T=65536-1000000÷2÷1046=65058

（5）C 调各音符频率与计数脉冲值的对照表如表 10-1 所示。

表 10-1 C 调各音符频率与计数脉冲值 T 的对照表

低音	频率	脉冲	T 值	中音	频率	脉冲	T 值	高音	频率	脉冲	T 值
Do	262	1908	F88C	Do	523	956	FC44	Do	1046	478	FE22
Do#	277	1805	F8F3	Do#	554	902	FC7A	Do#	1109	450	FE3E
Re	294	1700	F95C	Re	587	851	FCAD	Re	1175	425	FE57
Re#	311	1607	F9B9	Re#	622	803	FCDD	Re#	1245	401	FE6F
Mi	330	1515	FA15	Mi	659	758	FD0A	Mi	1318	379	FE85
Fa	349	1432	FA68	Fa	698	716	FD34	Fa	1397	357	FE9B
Fa#	370	1351	FAB9	Fa#	740	675	FD5D	Fa#	1480	337	FEAF
So	392	1275	FB05	So	784	637	FD83	So	1568	318	FEC2
So#	415	1204	FB4C	So#	831	601	FDA7	So#	1661	301	FED3
La	440	1136	FB90	La	880	568	FDC8	La	1760	284	FEE4
La#	464	1077	FBCB	La#	932	536	FDE8	La#	1865	268	FEF4
Si	494	1012	FC0C	Si	988	506	FE06	Si	1976	253	FF03

4．确定一个音调的节拍

若要构成音乐，仅有音调是不够的，还需要节拍，让音乐具有旋律（固定的律动），而且可以调节各个音的快慢度。节拍，简单地说就是打拍子，就像听音乐时会不由自主地随之拍手或跺脚。若 1 拍为 0.5s，则 1/4 拍为 0.125s。至于 1 拍为多少秒，并没有严格规定，就像人的心跳一样，大部分人的心跳是每分钟 72 下，有些人快一点，有些人慢一点，只要音乐听起来悦耳就好。音持续时间的长短为时值，一般用拍数表示。休止符表示暂停发音。

一首音乐是由许多不同的音符组成的，而每个音符对应不同的频率，这样就可以利用不同频率的组合，加以与拍数对应的延时构成音乐。了解音乐的一些基础知识，可知产生不同频率的音频脉冲即能产生音乐。对于单片机来说，产生不同频率的脉冲是非常方便的，利用单片机的定时/计数器来产生这样的方波频率信号。因此，需要弄清楚音乐中的音符和对应的频率，以及单片机定时计数的关系。

如表 10-2 所示为节拍数与节拍码的对照。如果 1 拍为 0.4s，1/4 拍则为 0.1s，只要设定延迟时间即可求得节拍的时间。假设 1/4 拍为 1 个 delay，则 1 拍应为 4 个 delay，依此类推。所以只要求得 1/4 拍的 delay 时间，其余的节拍就是它的倍数。

表 10-2 节拍数与节拍码对照

节拍码	节拍数	节拍码	节拍数	节拍码	节拍数
1	1/4 拍	5	1 又 1/4 拍	A	2 又 1/2 拍
2	2/4 拍	6	1 又 1/2 拍	C	3 拍
3	3/4 拍	8	2 拍	F	3 又 3/4 拍
4	1 拍				

5．编码的确定

在给每个音符编码时，使用 1 个字节，字节的高 4 位代表音符的高低，低 4 位代表音符的节拍，中音的 do re mi fa so la si 分别编码为 1～7，高音 do 编为 8，高音 re 编为 9，停顿编为 0。播放长度以 1/4 拍为单位（在本程序中 1/4 拍=165ms），一拍即等于 4 个 1/4 拍，编为 4，其他的播放时间依此类推。音调作为编码的高 4 位，而播放时间作为低 4 位，如此音调和节拍就构成了一个编码。以 0xff 作为曲谱的结束标志。例如：

音调 do，发音长度为两拍，将其编码为 0x18。

音调 re，发音长度为半拍，将其编码为 0x22。

歌曲播放的设计：先将歌曲的简谱进行编码，存储在一个数据类型为 unsigned char 的数组中。程序从数组中取出一个数，然后分离出高 4 位得到音调，接着找出相应的值赋给定时器 0，使之定时操作蜂鸣器，得出相应的音调；接着分离出该数的低 4 位，得到延时时间，再调用软件延时。

10.1.2 需求分析

应用单片机最小系统、外加蜂鸣器控制实现演奏一首完整的歌曲《千年之恋》。

10.1.3 电路设计

从 Proteus 中选取如下元器件。

（1）AT89C51：单片机。

（2）RES、RX8：电阻、排阻。

（3）CAP、CAP-ELEC：电容、电解电容。

（4）POT-LOG：电位器。

（5）LM386：功放。

（6）SPEAKER：扬声器。

放置元器件、电源和地，设置参数，连线，最后进行电气规则检查。若有错误则进行修改，直至检查无误。设计的电路如图 10-1 所示。

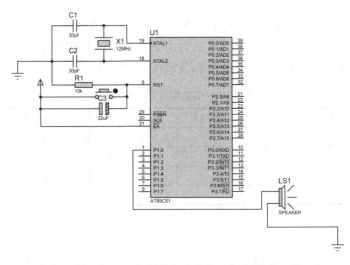

图 10-1 单片机控制的音乐盒的 Proteus 仿真电路

10.1.4　程序设计

```c
#include <reg51.h>
#define uchar unsigned char
#define uint unsigned int
sbit fm=P1^0;                    //蜂鸣器连续的 I/O 口
uchar timeh,timel,i;             //timeh，timel 为定时器高低 4 位，i 为演奏音符个数
//------------------------简谱------------------------
//1～7 代表中音 do～si，8 代表高音 do
uchar code qnzl[]={
0x12,0x22,0x34,0x84,0x74,0x54,0x38,0x42,0x32,0x22,0x42,0x34,0x84,0x72,0x82,0x94,0xA8,0x08,
//前奏
0x32,0x31,0x21,0x32,0x52,0x32,0x31,0x21,0x32,0x62,
//竹林的灯火  到过的沙漠
 0x32,0x31,0x21,0x82,0x71,0x81,0x71,0x51,0x32,0x22,
//七色的国度  不断飘逸风中
 0x32,0x31,0x21,0x32,0x52,0x32,0x31,0x21,0x32,0x62,
//有一种神秘  灰色的旋涡
 0x32,0x31,0x21,0x32,0x83,0x82,0x71,0x72,0x02,
//将我卷入了迷雾中
 0x63,0xA1,0xA2,0x62,0x92,0x82,0x52,
//看不清的双手
 0x31,0x51,0x63,0x51,0x63,0x51,0x63,0x51,0x62,0x82,0x7C,0x02,
//一朵花传来谁经过的温柔
 0x61,0x71,0x82,0x71,0x62,0xA2,0x71,0x76,
//穿越千年的伤痛
 0x61,0x71,0x82,0x71,0x62,0x52,0x31,0x36,
//只为求一个结果
 0x61,0x71,0x82,0x71,0x62,0xA3,0x73,0x62,0x53,
//你留下的轮廓  指引我
 0x42,0x63,0x83,0x83,0x91,0x91,
//黑夜中不寂寞
 0x61,0x71,0x82,0x71,0x62,0x0A2,0x71,0x76,
//穿越千年的哀愁
 0x61,0x71,0x82,0x71,0x62,0x52,0x31,0x36,
//是你在尽头等我
 0x61,0x71,0x82,0x71,0x62,0xA3,0x73,0x62,0x53,
//最美丽的感动  会值得
0x42,0x82,0x88,0x02,0x74,0x93,0x89,0xff//结束标志
//用一生守候
};
//------------------------简谱音调对应的定时器初值------------------------
uchar code cuzhi[]={ 0xff,0xff,                    //占位符
0xFC,0x44,0xFC,0xAD,0xFD,0x0A,0xFD,0x34,0xFD,0x83,0xFD,0xC8,0xFE,0x06,
```

```c
                                          //中音 do～si 的 T 计数初值
0xFE,0x22,0xFE,0x57,0xFE,0x85,0xFE,0x9B,0xFE,0xC2,0xFE,0xE4,0xFF,0x03};
//高音 do 的 T 计数初值
void delay1(uint z);                      //延时 1ms 子程序
void delay(uint z);                       //延时 165ms，即 1/4 拍子程序
void song();                              //演奏子程序
main()
{ EA=1;                                   //开总中断
ET0=1;                                    //开定时器 0
TMOD=0x01;                                //定时器 0 工作在方式 1
TH0=0;
TL0=0;
TR0=1;
while(1)
    {
      song();
      delay1(1000);
    }
}
void timer0() interrupt 1                 //定时器 0 溢出中断子程序用于产生各种音调
{
    TH0=timeh;
    TL0=timel;
    fm=~fm;                               //产生方波
    }
    void song()
    {
    uint temp;
    uchar jp;                             //jp 是简谱 1～8 的变量
    i=0;
    while(1)
    { temp=qnzl[i];
        if(temp==0xff) break;             //到曲终则跳出循环
        jp=temp/16;                       //取数的高 4 位作为音调
        if(jp!=0)
    {
    timeh=cuzhi[jp*2];                    //取 T 的高 4 位值
    timel=cuzhi[jp*2+1];                 //取 T 的低 4 位值
    }
    else
    {
    TR0=0;
    fm=1;                                 //关蜂鸣器
    }
    delay(temp%16);                       //取数的低 4 位作为节拍
```

```
    TR0=0;                                    //唱完一个音停 10ms
    fm=1;
    delay1(10);
    TR0=1;
    i++;
    }
    TR0=0;
    fm=1;
    }
void delay(uint z)                            //延时 165ms，即 1/4 拍
{uint x,y;
for(x=z;x>0;x--)
for(y=19000;y>0;y--);
}
void delay1(uint z)                           //延时 1ms
{uint x,y;
for(x=z;x>0;x--)
for(y=112;y>0;y--);
}
```

10.1.5   系统调试和仿真

将目标代码文件加载到 AT89C51 单片机中，电路仿真效果图如图 10-2 所示。

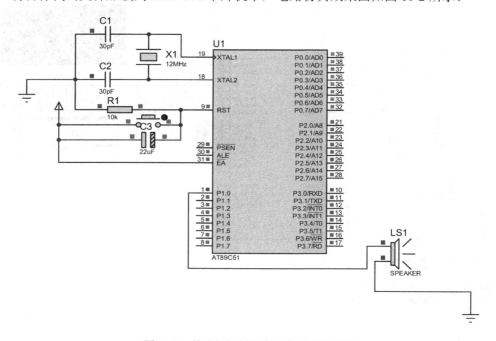

图 10-2   单片机控制的音乐盒仿真效果图

10.2 任务二 液晶电子钟电路设计与实现

本任务通过使用 RT12684 液晶屏、独立式按键及 AT89S52 单片机来设计实现液晶电子钟电路，通过本任务的学习，使读者掌握液晶电路的硬软件设计方法，重点掌握液晶显示程序和按键处理程序的编程技巧。

1．需求分析

利用 AT89S52 单片机及 RT12864 液晶显示模块，设计一个可以通过按键设置的液晶电子钟。液晶电子钟电路能够显示年、月、日、时、分、秒，能够通过按键对时间进行设定。

2．电路设计

根据任务要求，液晶电子钟电路由 AT89S52 单片机最小系统、液晶显示控制电路和 4 个独立按键组成。

如图 10-3 所示，4 个独立的按键分别与 P1.0、P1.1、P1.2、P1.3 相连，每个按键一端分别通过上拉电阻接到+5V 电源上，按键另一端接地。液晶显示采用 RT12864 液晶显示模块，将 AT89C52 的 P0 口接到液晶模块的 DB0～DB7 口上，P0 口还需经上拉电阻后接到+5V 电源上；另外 P2.0～P2.5 分别连接到液晶模块的控制引脚上。

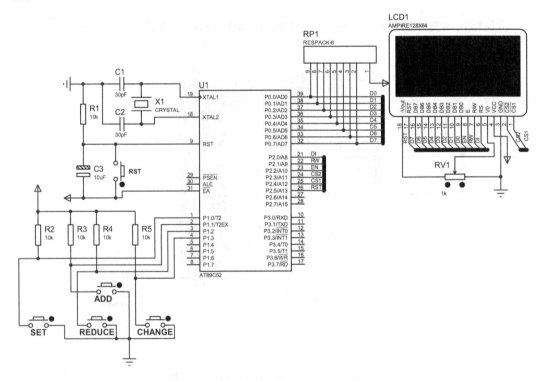

图 10-3 液晶电子钟电路

运行 Proteus 软件，新建"液晶电子钟电路"设计文件。按照图 10-3 所示放置并编辑 AT89C52、CRYSTAL、CAP、CAP-ELEC、RES、BUTTON、AMPIRE128×64、POI-HG 和 RESPACK-8 等元器件。完成液晶电子钟电路，进行电气规则检查。

3．软件设计

1）按键设置分析

（1）按 SET 键，进入设置模式，首先以反白模式选中年份。

（2）使用 ADD 键对选中数据进行加 1，REDUCE 键对选中的数据减 1。

（3）当修改完一项后，用 CHANGE 键在"年、月、日、时、分、秒"中选择其他项目。

（4）当所有项目设定好了以后，再按一次 SET 键，进入正常运行模式。

2）键盘接口定义

键盘的变量名要与电路一一对应，在 main.h 头文件中接在 P1 口上的按键进行宏定义。宏定义如下：

```
#ifndef __MAIN_H__
#define __MAIN_H__
#define SET_KEY       (!(P1_0))    //进入设置模式，时钟停止工作，当前设置项反白显示
#define ADD_KEY       (!(P1_1))    //对反白的设置项加 1
#define REDUCE_KEY    (!(P1_2))    //对反白的设置项减 1
#define CHANGE_KEY    (!(P1_3))    //切换修改项
#endif
```

3）按键处理程序软件设计

（1）SET_KEY 键处理

SET_KEY 键用来选择按键工作的模式，第一次按 SET_KEY 键进入设置模式，第二次按 SET_KEY 键进入正常运行模式；再按一次 SET_KEY 键又回到设置模式。

```
if(SET_KEY)
{ mode_set = ~mode_set;
     if (mode_set == 1)              //进入设置模式
      {
      EA = 0;                        //关中断（时钟停止走动）
      sign[0]=0;                     //设置反白显示标志位
      }
       else
      {
      EA = 1; i = 0;
      week_day=CalculateWeekDay(year, month,day);
       switch(week_day)
        { case  0  :  Out_Char(72,2,1,"日");    break;
          case  1  :  Out_Char(72,2,1,"一");    break;
          case  2  :  Out_Char(72,2,1,"二");    break;
```

```
    case  3  :   Out_Char(72,2,1,"三");      break;
    case  4  :   Out_Char(72,2,1,"四");      break;
    case  5  :   Out_Char(72,2,1,"五");      break;
    case  6  :   Out_Char(72,2,1,"六");      break;
    default  :   break;
    }
    sign[0]=sign[1]=sign[2]=sign[3]=sign[4]=sign[5]=1;      //清所有反白显示标志位
    }
    while(SET_KEY);
}
```

（2）CHANGE_KEY 键处理

CHANGE_KEY 键用来选择年、月、日、时、分、秒中的一种设置状态。

```
if(CHANGE_KEY && mode_set == 1)
            {   sign[i]=1;
                if ( i==5 ) i=0;
                else i=i+1;
                sign[i]=0;
                while(CHANGE_KEY);
            }
```

（3）ADD_KEY 键处理

ADD_KEY 键用来对当前的年、月、日、时、分、秒的状态进行加1。

```
if(ADD_KEY && mode_set == 1)
     {  switch(i)
      {case 0 :
          year=year+1;     run_nian(year);
          dsp_data_year[0]=year/1000+'0';
          dsp_data_year[1]=year/100%10+'0';
          dsp_data_year[2]=year%100/10+'0';
          dsp_data_year[3]=year%100%10+'0';
          break;
        case 1 :
          month=month+1; if (month > 12) month=1;
          dsp_data_month[0]=month/10+'0';
          dsp_data_month[1]=month%10+'0';
          break;
        case 2 :
          day=day+1;   if (day > month_day[month-1]) day=1;
          dsp_data_day[0]=day/10+'0';
          dsp_data_day[1]=day%10+'0';
          break;
        case 3 :
          hour=hour+1;   if (hour > 23) hour=0;
```

```
       dsp_time_hh[0]=hour/10+'0';
       dsp_time_hh[1]=hour%10+'0';
       break;
     case  4 :
       minute=minute+1;  if (minute > 59) minute=0;
       dsp_time_mm[0]=minute/10+'0';
       dsp_time_mm[1]=minute%10+'0';
       break;
     case  5 :
       second=second+1;   if (second > 59) second=0;
       dsp_time_ss[0]=second/10+'0';
       dsp_time_ss[1]=second%10+'0';
       break;
     default  :  break;
     } //end switch(i)
          while(ADD_KEY);
   }
```

（4）REDUCE_KEY 键处理

REDUCE _KEY 键用来对当前的年、月、日、时、分、秒的状态进行减1。

```
if(REDUCE_KEY && mode_set == 1)
     {   switch(i)
       {case  0 :
         year=year-1;      run_nian(year);
         dsp_data_year[0]=year/1000+'0';
         dsp_data_year[1]=year/100%10+'0';
         dsp_data_year[2]=year%100/10+'0';
         dsp_data_year[3]=year%100%10+'0';
         break;
        case  1 :
          month=month-1; if (month < 1) month=12;
          dsp_data_month[0]=month/10+'0';
          dsp_data_month[1]=month%10+'0';
          break;
        case  2 :
          day=day-1;   if (day < 1) day=month_day[month-1];
          dsp_data_day[0]=day/10+'0';
          dsp_data_day[1]=day%10+'0';
          break;
        case  3 :
          if (hour == 0)
          hour=23;
          else
          hour=hour-1;
          dsp_time_hh[0]=hour/10+'0';
```

```
            dsp_time_hh[1]=hour%10+'0';
            break;
        case   4  :
            if (minute == 0)
                minute=59;
            else
            minute=minute-1;
            dsp_time_mm[0]=minute/10+'0';
            dsp_time_mm[1]=minute%10+'0';
            break;
        case   5  :
            if (second == 0)
                second=59;
            else
            second=second-1;
            dsp_time_ss[0]=second/10+'0';
            dsp_time_ss[1]=second%10+'0';
            break;
            default   :   break;
        }   //end switch(i)
            while(REDUCE_KEY);
    }
```

4）时间程序设计

（1）判断是否为闰年

闰年的计算规则是四年一闰，百年不闰，四百年再闰，闰年 2 月份为 29 天，非闰年 2 月份为 28 天。

```
void run_nian(uint year)
{ if ((year%4==0 && year%100 != 0 ) || year%400==0)
        month_day[1]=29;
  else
        month_day[1]=28;
  return ;
}
```

（2）由日期计算星期

根据泰勒公式可知：

$$W=〔[c/4]-2c+y+[y/4]+[13*(m+1)/5]+d-1〕\%7 \ 或者$$

$$W=〔y+[y/4]+[c/4]-2c+[26(m+1)/10]+d-1\%7〕$$

w：星期；w 对 7 取模得 0-星期日，1-星期一，2-星期二，3-星期三，4-星期四，5-星期五，6-星期六。

c：世纪减 1（年份前两位数）。

y：年（后两位数）。

m：月（m 大于等于 3，小于等于 14，即在泰勒公式中，某年的 1、2 月要看作上一年的 13、14 月来计算，例如 2003 年 1 月 1 日要看作 2002 年的 13 月 1 日来计算）。

d：日。

"[ ]"代表取整，即只保留整数部分。

由日期计算星期的程序如下：

```
uchar CalculateWeekDay(uint Year,uchar Month,uchar Date)
{
  uchar week;
  if((Month<3) && (!(Year&0x03) && (Year%1000) || (!(Year%400))))
    {    Date--;    }
  week = (Date + Year + Year/4 + Year/400 - Year/100 + week_tab[Month]-2)%7;

  return week
  }
```

（3）时间日期自动更新程序

时间基准由定时器中断产生，每 50ms 中断一次。

```
/*  定时计数器 0 的中断服务子程序  */
void timer0(void)   interrupt 1 using 1         //50ms 中断一次
{
TH0=0x4C;                                        //晶振：11.0592MHz
TL0=0x00;                                        //晶振：11.0592MHz
irq_count++;
if (irq_count>=20)                               //1s
    { irq_count = 0;
      second++;
      if (second >= 60)
        { second = 0;
          minute++;
          if (minute >= 60)
            { minute = 0;
              hour++ ;
              if (hour >= 24)
                { hour = 0 ;
                  day++;
                  if (day > month_day[month-1])
                    { day=1;
                      month++;
                      if (month > 12)
                        { month=1;
                          year++;
                          run_nian(year);
                          dsp_data_year[0]=year/1000+'0';
```

```
                        dsp_data_year[1]=year/100%10+'0';
                        dsp_data_year[2]=year%100/10+'0';
                        dsp_data_year[3]=year%100%10+'0';
                }    //end if(month > 12)
                dsp_data_month[0]=month/10+'0';
                dsp_data_month[1]=month%10+'0';
            }    //end if(day > month_day[month-1])
            dsp_data_day[0]=day/10+'0';
            dsp_data_day[1]=day%10+'0';
        }    //end if (hour >= 24)
        dsp_time_hh[0]=hour/10+'0';
        dsp_time_hh[1]=hour%10+'0';
      }    //end if(minute >= 60)
      dsp_time_mm[0]=minute/10+'0';
      dsp_time_mm[1]=minute%10+'0';
    }    //end if (second >= 60)
    dsp_time_ss[0]=second/10+'0';
    dsp_time_ss[1]=second%10+'0';
  }    //end if (irq_count>=20)
}
```

5）液晶显示程序设计

（1）LCD 接口定义

液晶控制接口变量名称要与电路一一对应的目的主要为了方便编程和提高程序的可读性，在 LCD.H 头文件中对液晶接口的宏定义如下：

```
#define DataPort P0              //LCD 数据线 D0～D7
sbit DI=P2^0;                    //数据/指令选择 RS
sbit RW=P2^1;                    //读/写选择
sbit EN=P2^2;                    //读/写使能
sbit cs1=P2^3;                   //片选 1
sbit cs2=P2^4;                   //片选 2
sbit RST=P2^5;
```

（2）LCD 驱动程序

① 0～9 字模显示结构：

```
typedef struct typFNT_Char          //字符字模显示数据结构
{
    char Index_Char[1];
    char Msk_Char[16];
};
struct typFNT_Char code ASC_16[] = {     //显示为 8*16
    //MingLiu 体
    "0",0x00,0xF0,0x08,0x04,0xC4,0x28,0xF0,0x00,0x00,0x0F,0x14,0x23,0x20,0x10,0x0F,0x00,
    "1",0x00,0x00,0x00,0x08,0xFC,0x00,0x00,0x00,0x00,0x00,0x00,0x20,0x3F,0x20,0x00,0x00,
```

```
    "2",0x00,0x18,0x04,0x04,0x04,0x88,0x70,0x00,0x00,0x30,0x28,0x24,0x22,0x21,0x30,0x00,
    "3",0x00,0x08,0x04,0x84,0xC4,0x38,0x00,0x00,0x00,0x20,0x20,0x20,0x20,0x11,0x0E,0x00,
    "4",0x00,0x00,0x80,0x60,0x18,0xFC,0x00,0x00,0x00,0x06,0x05,0x04,0x04,0x3F,0x04,0x00,
    "5",0x00,0x00,0x7C,0x44,0x44,0x84,0x04,0x00,0x00,0x20,0x20,0x20,0x20,0x10,0x0F,0x00,
    "6",0x00,0xE0,0x90,0x48,0x44,0x84,0x04,0x00,0x00,0x0F,0x10,0x20,0x20,0x10,0x0F,0x00,
    "7",0x00,0x1C,0x04,0x04,0x04,0xE4,0x1C,0x00,0x00,0x00,0x00,0x38,0x07,0x00,0x00,0x00,
    "8",0x00,0x30,0x48,0x84,0x84,0x48,0x30,0x00,0x00,0x0E,0x11,0x20,0x20,0x11,0x0E,0x00,
    "9",0x00,0xF0,0x08,0x04,0x04,0x08,0xF0,0x00,0x00,0x20,0x21,0x22,0x12,0x09,0x07,0x00,
    ":",0x00,0x00,0x00,0x60,0x60,0x00,0x00,0x00,0x00,0x00,0x00,0x0C,0x0C,0x00,0x00,0x00,
};
```

② 定义汉字字符字模显示数据结构：

```
typedef struct typFNT_GB16
{
    char Index_GB16[2];
    char Msk_GB16[32];
};
struct typFNT_GB16 code GB_16[] = {                          //显示 16*16
"东",0x00,0x04,0x04,0xC4,0xB4,0x8C,0x87,0x84,0xF4,0x84,0x84,0x84,0x84,0x04,0x00,0x00,
0x00,0x00,0x20,0x18,0x0E,0x04,0x20,0x40,0xFF,0x00,0x02,0x04,0x18,0x30,0x00,0x00,
"方",0x08,0x08,0x08,0x08,0x08,0x08,0xF9,0x4A,0x4C,0x48,0x48,0xC8,0x08,0x08,0x08,0x00,
0x40,0x40,0x20,0x10,0x0C,0x03,0x00,0x00,0x20,0x40,0x40,0x3F,0x00,0x00,0x00,0x00,
"职",0x02,0x02,0xFE,0x92,0x92,0xFE,0x02,0x00,0xFE,0x82,0x82,0x82,0x82,0xFE,0x00,0x00,
0x10,0x10,0x0F,0x08,0x08,0xFF,0x04,0x44,0x21,0x1C,0x08,0x00,0x04,0x09,0x30,0x00,
"业",0x00,0x10,0x60,0x80,0x00,0xFF,0x00,0x00,0x00,0xFF,0x00,0x80,0x60,0x38,0x10,0x00,0x20,0x20,0x20,0x23,0x21,0x3F,0x20,0x20,0x20,0x3F,0x22,0x21,0x20,0x30,0x20,0x00,
"技",0x08,0x08,0x88,0xFF,0x48,0x28,0x00,0xC8,0x48,0x48,0x7F,0x48,0xC8,0x48,0x08,0x00,0x01,0x41,0x80,0x7F,0x00,0x40,0x40,0x20,0x13,0x0C,0x0C,0x12,0x21,0x60,0x20,0x00,
"术",0x10,0x10,0x10,0x10,0x10,0x90,0x50,0xFF,0x50,0x90,0x12,0x14,0x10,0x10,0x10,0x00,0x10,0x10,0x08,0x04,0x02,0x01,0x00,0x7F,0x00,0x00,0x01,0x06,0x0C,0x18,0x08,0x00,
"学",0x40,0x30,0x10,0x12,0x5C,0x54,0x50,0x51,0x5E,0xD4,0x50,0x18,0x57,0x32,0x10,0x00,
0x00,0x02,0x02,0x02,0x02,0x02,0x42,0x82,0x7F,0x02,0x02,0x02,0x02,0x02,0x02,0x00,
"院",0xFE,0x02,0x32,0x4A,0x86,0x0C,0x24,0x24,0x25,0x26,0x24,0x24,0x24,0x0C,0x04,0x00,
0xFF,0x00,0x02,0x04,0x83,0x41,0x31,0x0F,0x01,0x01,0x7F,0x81,0x81,0x81,0xF1,0x00,
"年",0x00,0x00,0x00,0x10,0xE8,0x24,0x27,0x24,0xFC,0x12,0x12,0x10,0x00,0x00,0x00,0x00,0x02,0x02,0x02,0x02,0x01,0x01,0x01,0x01,0x7F,0x01,0x01,0x01,0x01,0x01,0x01,0x00,
"月",0x00,0x00,0x00,0x00,0x00,0xFC,0x24,0x92,0x92,0x02,0xFE,0x00,0x00,0x00,0x00,0x00,
0x00,0x40,0x20,0x10,0x0C,0x03,0x01,0x00,0x10,0x20,0x1F,0x00,0x00,0x00,0x00,0x00,
"日",0x00,0x00,0x00,0x00,0xF8,0x88,0x88,0x44,0x44,0x04,0xFC,0x00,0x00,0x00,0x00,0x00,0x00,0x00,0x00,0x00,0x0F,0x08,0x04,0x04,0x04,0x08,0x0F,0x00,0x00,0x00,0x00,0x00,
"星",0x00,0x00,0x00,0x00,0x8E,0x32,0x2A,0xEA,0xAA,0x91,0x91,0x0F,0x00,0x00,0x00,0x00,
0x00,0x24,0x22,0x21,0x21,0x25,0x25,0x3F,0x12,0x12,0x10,0x10,0x10,0x10,0x00,0x00,
"期",0x00,0x00,0x08,0x08,0xFE,0xA8,0x04,0xFF,0x04,0x00,0xF8,0x24,0x04,0xFC,0x00,0x00,
0x02,0x22,0x12,0x0A,0x07,0x02,0x06,0x49,0x21,0x18,0x07,0x01,0x10,0x3F,0x00,0x00,
"一",0x00,0x80,0x80,0x80,0x80,0x80,0x80,0x80,0x80,0x40,0x40,0x40,0x40,0xC0,0x80,0x00,0
```

x00,0x00,0x00,0x00,0x00,0x00,0x00,0x00,0x00,0x00,0x00,0x00,0x00,0x00,0x00,0x00,
"二",0x00,0x00,0x00,0x00,0x10,0x10,0x10,0x18,0x08,0x08,0x08,0x08,0x00,0x00,0x00,0x00,0
x08,0x08,0x08,0x08,0x08,0x08,0x04,0x04,0x04,0x04,0x04,0x04,0x06,0x06,0x04,0x00,
"三",0x00,0x00,0x00,0x00,0x10,0x10,0x10,0x88,0x88,0x88,0x08,0x00,0x00,0x00,0x00,0x00,0
x00,0x10,0x10,0x10,0x11,0x11,0x11,0x08,0x08,0x08,0x08,0x08,0x08,0x08,0x00,0x00,
"四",0x00,0x70,0x90,0x10,0x10,0xF0,0x10,0x10,0xF8,0x88,0x88,0x88,0xF8,0x00,0x00,0x00,0
x00,0x00,0x07,0x04,0x05,0x04,0x04,0x04,0x04,0x04,0x04,0x08,0x07,0x00,0x00,0x00,
"五",0x00,0x00,0x00,0x80,0x88,0x88,0x78,0x44,0x44,0x44,0xC4,0x00,0x00,0x00,0x00,0x00,0
x10,0x10,0x10,0x10,0x18,0x0F,0x08,0x08,0x08,0x0F,0x08,0x08,0x08,0x08,0x00,0x00,
"六",0x00,0x40,0x40,0x40,0x40,0x40,0x44,0x48,0x20,0x20,0x20,0x20,0x20,0x20,0x00,0x00,0
x00,0x10,0x10,0x08,0x04,0x02,0x00,0x00,0x01,0x02,0x04,0x18,0x00,0x00,0x00,0x00,
};

说明：0～9 字符字模可以用取模软件获得。字模为阴码、逆向、并列式、C51 格式，汉字为楷体_GB2312，字符字体为 MingLiu。

③ LCD 驱动函数：

```c
/*-----状态检查-----*/
void Check_Busy(void)
{
    uchar dat;
    DI=0;
    RW=1;
    do{
        DataPort=0x00;
        EN=1;
        dat=DataPort;
        EN=0;
        dat=0x80 & dat;                    //仅当第 7 位为 0 时才可操作（判别 busy 信号）
    }while(!(dat==0x00));
}
/*-----向 LCD 发送命令------*/
void Writ_Comd(uchar command)
{
    Check_Busy();
    RW=0;DI=0;
    DataPort=command;
    EN=1; EN=0;
}
/*-----写显示数据------*/
void Write_Dat(uchar dat)
{
    Check_Busy();
    RW=0;DI=1;
    DataPort=dat;
    EN=1; EN=0;
```

```
    }
/*------设定行地址（页）--X 0-7------*/
void Set_Line(uchar line)
{
    line=line & 0x07;              //0≤line≤7
    line=line|0xb8;                //1011 1xxx
    Writ_Comd(line);
}
/*------设定列地址--Y 0-63-----*/
void Set_Column(uchar column)
{
    column=column & 0x3f;          //0≤column≤63
    column=column | 0x40;          //01xx xxxx
    Writ_Comd(column);
}
/*-----设定显示开始行--XX-----*/
void Set_StartLine(uchar startline)    //0～63
{
    startline=startline & 0x07;
    startline=startline | 0xc0;    //1100 0000
    Writ_Comd(startline);
 }
/*-----开关显示-----ONOFF=1:ON;ONOFF=0:OFF-----*/
void Set_OnOff(uchar onoff)
{
onoff=0x3e | onoff; //0011 111x
Writ_Comd(onoff);
}
/*------选择屏幕。Screen：0—全屏，1—左屏，2—右屏-----*/
void Select_Screen(uchar screen)
{
    switch(screen)
    { case 0: cs1=1;
              cs2=1;
              break;
      case 1: cs1=1;
              cs2=0;
              break;
      case 2: cs1=0;
              cs2=1;
              break;
    }
}
/*-----清屏：screen：0—全屏，1—左屏，2—右屏-----*/
void LCD_Clr(uchar screen)
```

```
{ unsigned char i,j;
  Select_Screen(screen);
  for(i=0;i<8;i++)
    {Set_Line(i);
        for(j=0;j<128;j++)
            { Write_Dat(0x00); }
    }
}
/*-----初始化 LCD------*/
void LCD_Init(void)
{ uchar i=250;                          //延时
while(i--);
Select_Screen(0);
Set_OnOff(0);                           //关显示
LCD_Clr(0);                             //清屏
Select_Screen(0);
Set_OnOff(1);                           //开显示
Select_Screen(0);
Set_StartLine(0);                       //开始行：0
}

//在指定位置显示字符：x=0～120（字母、数字）/0～112（汉字），y=0～6 页码
void Out_Char(uchar x, uchar y, bit mode, char *fmt)     //mode：1 正常显示，0 反白显示
{
    int c1,c2,cData;
        uchar i=0,j,uLen;
        uchar k;

    uLen=strlen(fmt);
        while(i<uLen)
        {
                c1 = fmt[i];
                c2 = fmt[i+1];
                if(c1>=0 && c1<128    )        //ASCII
                {
                  if(c1 < 0x20)
                    {
                        switch(c1)
                        {
                            case 13:
                            case 10:           //回车或换行
                                i++;
                        if (y<7)
                            {x=0;   y+=2;}
                                continue;
```

```
                  case 8:                      //退格
                          i++;
                if(y>ASC_CHR_WIDTH) y-=ASC_CHR_WIDTH;
                cData = 0x00;
                break;
            }
        }
for(j=0;j<sizeof(ASC_16)/sizeof(ASC_16[0]);j++)   //sizeof(ASC_16[0])
    {
        if(fmt[i] == ASC_16[j].Index_Char[0])
        break;
    }
    for(k=0;k<2*ASC_CHR_WIDTH;k++)
    {
      if(j < sizeof(ASC_16)/sizeof(ASC_16[0]))
    {
     if (mode == 1)
     cData=ASC_16[j].Msk_Char[k];          //正常
     else
        cData=~ASC_16[j].Msk_Char[k];      //反白
    }
     else
    cData=0;
  if (k<ASC_CHR_WIDTH)                      //字符上半部
    { if ((x+k)<64)
        { Select_Screen(1);                 //选择左半屏
          Set_Column(x+k);
        }
      else
        { Select_Screen(2);                 //选择右半屏
          Set_Column(x+k-64);
        }
      Set_Line(y);
    }
  else                                      //字符下半部
    { if ((x+k-ASC_CHR_WIDTH)<64)
        { Select_Screen(1);                 //选择左半屏
          Set_Column(x+k-8);
        }
      else
        { Select_Screen(2);                 //选择右半屏
          Set_Column((x+k-8)-64);
        }
      Set_Line(y+1);
        }
```

233

```
                    Write_Dat(cData);
                 }
                 if(c1 != 8)                                    //非退格
                 x+=ASC_CHR_WIDTH;
            }
        else                                                    //汉字
            {
                for(j=0;j<sizeof(GB_16)/sizeof(GB_16[0]);j++)   //sizeof(GB_16[0])
                {
if(fmt[i]== GB_16[j].Index_GB16[0] && fmt[i+1] == GB_16[j].Index_GB16[1])
                    break;
                }
                for(k=0;k<2*HZ_CHR_WIDTH;k++)
                {
                    if(j < sizeof(GB_16)/sizeof(GB_16[0]))
                {
            if (mode == 1)
                cData=GB_16[j].Msk_GB16[k];
            else
                cData=~GB_16[j].Msk_GB16[k];
        }
        else
            cData=0;
        if (k<HZ_CHR_WIDTH)                          //汉字上半部
            { if ((x+k)<64)
                { Select_Screen(1);                  //选择左半屏
                    Set_Column(x+k);
                }
                else
                { Select_Screen(2);                  //选择右半屏
                    Set_Column(x+k-64);
                }
            Set_Line(y);
        }
        else                                          //汉字下半部
            { if ((x+k-HZ_CHR_WIDTH)<64)
                { Select_Screen(1);                  //选择左半屏
                    Set_Column(x+k-HZ_CHR_WIDTH);
                }
                else
                { Select_Screen(2);                  //选择右半屏
                    Set_Column((x+k-HZ_CHR_WIDTH)-64);
                }
            Set_Line(y+1);
                }
```

```
            Write_Dat(cData);
              }
            x+=HZ_CHR_WIDTH;
            i++;
          }
        i++;
      }
}
```

6）主程序

```
void main(void)
{ bit mode_set=0;           //模式控制：1—设置模式，0—正常模式
  uchar sign[6]={1,1,1,1,1,1}; //放置日期和时间反白显示标志位：1—正常显示，0—反白显示
  char i=0;
  RST=1;                    //LCD 重置信号，当 RST=0 时 LCD 重置
  LCD_Init();               //LCD 初始化
  P0=0xff;
  EA=1; ET0=1;
  TMOD=0x01;                //T0 方式 1 计时
  TH0=0x4C;                 //晶振：11.0592MHz
  TL0=0x00;                 //晶振：11.0592MHz
  TR0=1;                    //开中断，启动定时器
  Out_Char(40,0,1,"年");
  Out_Char(72,0,1,"月");
  Out_Char(104,0,1,"日");
  Out_Char(48,4,1,":");
  Out_Char(72,4,1,":");
  Out_Char(40,2,1,"星期");
  Out_Char(0,6,1,"东方职业技术学院");
week_day=CalculateWeekDay(year, month,day);
switch(week_day)
  { case  0  :  Out_Char(72,2,1,"日");    break;
    case  1  :  Out_Char(72,2,1,"一");    break;
    case  2  :  Out_Char(72,2,1,"二");    break;
    case  3  :  Out_Char(72,2,1,"三");    break;
    case  4  :  Out_Char(72,2,1,"四");    break;
    case  5  :  Out_Char(72,2,1,"五");    break;
    case  6  :  Out_Char(72,2,1,"六");    break;
    default  :  break;
  }
```

4. 软件仿真

液晶电子钟电路设计好后，打开"液晶电子钟电路"。加载程序编译后生成的"液晶电

子钟电路.hex" 文件。进行仿真运行，仿真结果如图 10-4 所示。

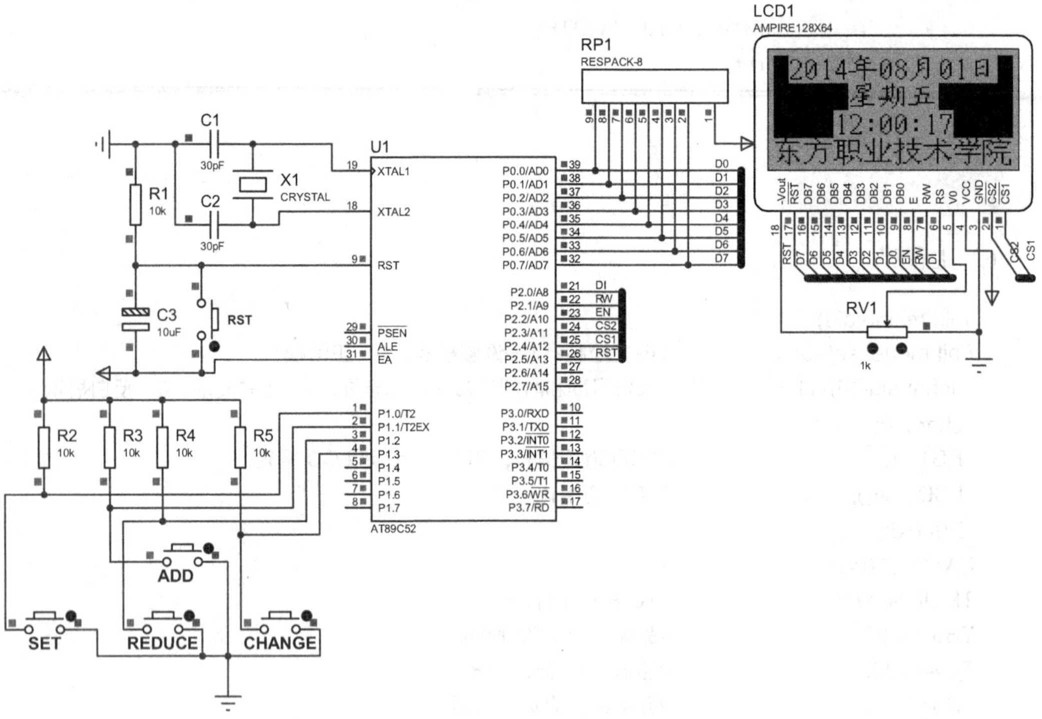

图 10-4　液晶电子钟电路仿真结果

10.3　任务三　4 路温度采集显示电路的设计与实现

本任务通过使用 DS18B20 数字传感器、LED 数码管及 AT89S52 单片机来设计实现 4 路温度采集显示电路，通过本任务的学习，使读者掌握温度采集显示电路的硬软件设计方法，重点掌握液晶 DS18B20 数字传感器温度采集程序和 LED 数码管处理程序编程技巧。

1. 需求分析

利用 AT89S52 单片机及 DS18B20 模块，设计一个 4 路温度采集显示电路系统，要求既能够通过数码管自动分时循环显示每路温度的数据，又能通过按键切换通道显示温度的数据。

2. 电路设计

根据任务要求，4 路温度采集显示电路由 AT89C52 单片机最小系统、4 路 DS18B20 温度采集、3 个独立按键以及 6 个数码管组成。其中，4 路 DS18B20 传感器接合 3 个独立按键 P1 口，6 个动态数码管段码接 P0 口，位选端接 P2 口。如图 10-5 所示，4 路 DS18B20

温度传感器 DQ 引脚通过总线连接到 P1 口的 P1.0、P1.1、P1.2、P1.3，并通过 4.7K 的上拉电阻接到电源端。温度传感器的 VCC 与 GND 分别与电源和地相连。

根据需求分析，通过 SET 键设置 4 路温度采集显示电路的工作模式，在手动模式下按 ADD 键通道加 1 后显示，按 DEC 键通道减 1 后显示。这 3 个按键分别与 P1.6、P1.5、P1.4 脚连接。

显示温度的数据采用 6 位数码管，数码管的位公共端引脚分别与 P2 口连接，字形码引脚分别与经双向总线收发器 74LS245 与 P0 口相连接。

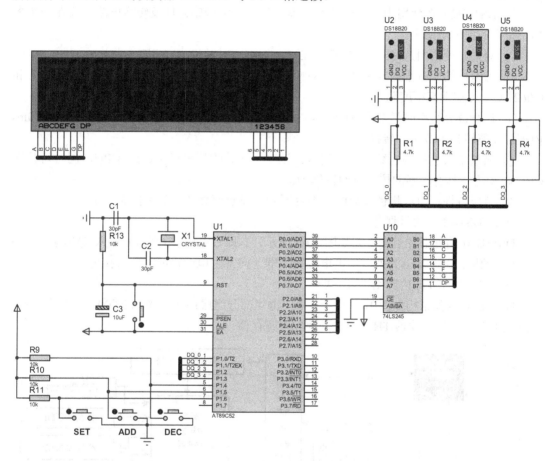

图 10-5　4 路温度采集显示电路

运行 Proteus 软件，新建"4 路温度采集显示电路"设计文件。按照图 10-5 所示放置并编辑 AT89C52、CRYSTAL、CAP、CAP-ELEC、RES、BUTTON、74LS245、DS18B20 和 7SEG-MPX6-CC 等元器件。完成电路设计后，进行电气规则检查。

3. 软件设计

1）DB18B20 数字温度传感器

DB18B20 是美国 DALLAS 公司生产的单总线的数字温度传感器，具有耐磨耐碰，体积小，使用方便，封装形式多样等特点，适用于各种狭小空间设备数字测温和控制领域。

（1）DS18B20 的主要特性

① 适应电压范围更宽，电压范围为 3.0～5.5V，在寄生电源方式下可由数据线供电。

② 独特的单线接口方式，DS18B20 在与微处理器连接时仅需要一条口线即可实现微处理器与 DS18B20 的双向通信。

③ DS18B20 支持多点组网功能，多个 DS18B20 可以并联在唯一的三线上，实现组网多点测温。

④ DS18B20 在使用中不需要任何外围元件，全部传感元件及转换电路集成在一个形如三极管的集成电路上。

⑤ 测量温度范围为-55～+125℃，在-10～+85℃时精度为±0.5℃

⑥ 可编程的分辨率为 9～12 位，对应的可分辨温度分别为 0.5℃、0.25℃、0.125℃和 0.0625℃，可实现高精度测温。

⑦ 在 9 位分辨率时最多在 93.75ms 内把温度转换为数字，12 位分辨率时最多在 750ms 内把温度值转换为数字，转换速度快。

⑧ 测量结果直接输出数字温度信号，以"一线总线"串行传送给 CPU，同时可传送 CRC 校验码，具有极强的抗干扰纠错能力。

⑨ 负压特性：电源极性接反时，芯片不会因发热而烧毁，但不能正常工作。

（2）DS18B20 的引脚功能

DS18B20 的外形及引脚排列如图 10-6 所示，1 脚 GND 为数字信号输入/输出端；2 脚 DQ 为电源地；3 脚 V$_{DD}$ 为外接供电电源输入端（在寄生电源接线方式时接地）。

（3）DS18B20 的内部结构及功能

DS18B20 内部结构如图 10-7 所示，主要由 4 部分组成：64 位光刻 ROM、温度传感器、非挥发的温度报警触发器 TH 和 TL 以及配置寄存器。

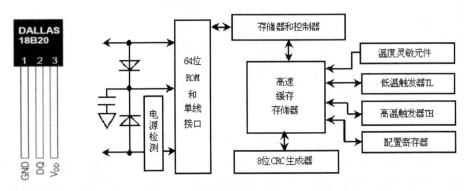

图 10-6　DB18B20S 数字温度传感器　　　　图 10-7　DS18B20 内部结构图

① 64 位光刻 ROM

光刻 ROM 中的 64 位序列号是出厂前被光刻好的，可以看作是该 DS18B20 的地址序列码。64 位光刻 ROM 的排列方式是：开始 8 位（28H）是产品类型标号，接着的 48 位是该 DS18B20 自身的序列号，最后 8 位是前面 56 位的循环冗余校验码（CRC=X8+X5+X4+1）。

光刻 ROM 的作用是使每一个 DS18B20 地址序列码都各不相同，这样就可以实现一根总线上挂接多个 DS18B20 的目的。

② 温度传感器

DS18B20 中的温度传感器可完成对温度的测量，以 12 位转化为例：用 16 位符号扩展的二进制补码读数形式提供，以 0.0625℃/LSB 形式表达，其中 S 为符号位。

如表 10-3 所示，转化后的 12 位数据存储在 DS18B20 的两个 8 比特的 RAM 中，二进制中的前面 5 位是符号位，如果测得的温度大于 0，这 5 位为 0，只要将测到的数值乘以 0.0625 即可得到实际温度；如果温度小于 0，这 5 位为 1，测到的数值需要取反加 1 再乘以 0.0625 即可得到实际温度。

表 10-3 DS18B20 温度值格式表

低 位	Bit7	Bit6	Bit5	Bit4	Bit3	Bit2	Bit1	Bit0
	2^3	2^2	2^1	2^0	2^{-1}	2^{-2}	2^{-3}	2^{-4}
高 位	Bit15	Bit14	Bit13	Bit12	Bit11	Bit10	Bit9	Bit8
	S	S	S	S	S	2^6	2^5	2^4

例如，+125℃的数字输出为 07D0H，+25.0625℃的数字输出为 0191H，-25.0625℃的数字输出为 FF6FH，-55℃的数字输出为 FC90H。温度值迎合输出的数据关系如表 10-4 所示。

表 10-4 DS18B20 温度数据表

温 度	数据输出（二进制）	数据输出（十六进制）
+125℃	0000 0111 1101 0000	07D0H
+85℃	0000 0101 0101 0000	0550H
+25.065℃	0000 0001 1001 0001	0191H
+10.125℃	0000 0000 1010 0010	00A2H
+0.5℃	0000 0000 0000 1000	0008H
0℃	0000 0000 0000 0000	0000H
-0.5℃	1111 1111 1111 1000	FFF8H
-10.125℃	1111 1111 0101 1110	FF5EH
-25.065℃	1111 1110 0110 1111	FE6FH
-55℃	1111 1100 1001 0000	FC90H

③ 存储器

DS18B20 温度传感器的内部存储器包括一个高速暂存 RAM 和一个非易失性的可电擦除的 EEPRAM，后者存放高温度和低温度触发器 TH、TL 和结构寄存器，如图 10-8 所示。

暂存存储器包含了 8 个连续字节，第 1 个字节的内容是温度的低 8 位，第 2 个字节是温度的高 8 位，第 3 个和第 4 个字节是 TH、TL 的易失性备份，第 5 个字节是配置寄存器的易失性备份，第 3～5 个字节的内容在每一次上电复位时被刷新。第 6～8 个字节用于内部计算。第 9 个字节是冗余检验字节。

暂存器

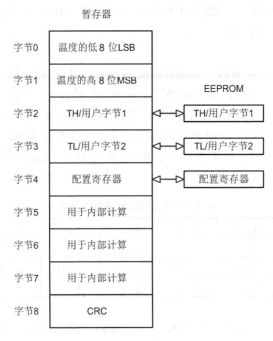

图 10-8　DS18B20 传感器的存储器

④ 配置寄存器

配置寄存器结构如下，低 5 位一直都是 1，TM 是测试模式位，用于设置 DS18B20 在工作模式还是在测试模式。在 DS18B20 出厂时该位被设置为 0，用户不要改动该值。

TM	R1	R0	1	1	1	1	1

R1 和 R0 用来设置分辨率，DS18B20 在出厂时被设置为 12 位，如表 10-5 所示。

表 10-5　温度分辨率设置表

R1	R0	分　辨　率	温度最大转换时间
0	0	9 位	93.75ms
0	1	10 位	187.5ms
1	0	11 位	375ms
1	1	12 位	750ms

⑤ 高速暂存存储器

高速暂存存储器由 9 个字节组成，其分配如表 10-6 所示。当温度转换命令发布后，经转换所得的温度值以二字节补码形式存放在高速暂存存储器的第 0 个和第 1 个字节。单片机可通过单线接口读到该数据，读取时低位在前，高位在后，对应的温度计算：当符号位 S=0 时，直接将二进制位转换为十进制；当 S=1 时，先将补码变为原码，再计算十进制值。表 10-6 是对应的一部分温度值。第 9 个字节是冗余检验字节。

表 10-6　DS18B20 暂存寄存器分布

寄存器内容	字 节 地 址
温度值低位（LS Byte）	0
温度值高位（MS Byte）	1
高温限值（TH）	2
低温限值（TL）	3
配置寄存器	4
保留	5
保留	6
保留	7
CRC 校验值	8

（4）DS18B20 的通信协议

根据 DS18B20 的通信协议，主机（单片机）控制 DS18B20 完成温度转换必须经过初始化、ROM 操作命令和存储器操作命令及执行/数据这 3 个步骤。

① 初始化

每一次读写之前都要对 DS18B20 进行复位操作，复位成功后发送一条 ROM 指令，最后发送 RAM 指令，这样才能对 DS18B20 进行预定的操作。复位要求主 CPU 将数据线下拉 500μs，然后释放，当 DS18B20 收到信号后等待 16～60μs 左右，后发出 60～240μs 的低电平脉冲，主 CPU 收到此信号表示复位成功。DS18B20 初始化代码如下：

```
void Init_DS18B20(void)
{
    DQ = 1;        //DQ 复位
    Delay(8);      //稍做延时
    DQ = 0;        //单片机将 DQ 拉低
    Delay(80);     //精确延时大于 480μs
    DQ = 1;        //拉高总线，释放总线
    Delay(14);
    Delay(20);
}
```

② ROM 操作命令

ROM 操作命令的指令、约定代码和功能如表 10-7 所示。

表 10-7　ROM 指令表

指　　令	约 定 代 码	功　　能
读 ROM	33H	读 DS18B20 温度传感器 ROM 中的编码（即 64 位地址）
符合 ROM	55H	发出此命令之后，接着发出 64 位 ROM 编码，访问单总线上与该编码相对应的 DS18B20 使之作出响应，为下一步对该 DS18B20 的读写做准备
搜索 ROM	0F0H	用于确定挂接在同一总线上 DS18B20 的个数和识别 64 位 ROM 地址。为操作各器件做好准备

续表

指　　令	约定代码	功　　能
跳过 ROM	0CCH	忽略 64 位 ROM 地址，直接向 DS18B20 发温度变换命令。适用于单片工作
告警搜索命令	0ECH	执行后只有温度超过设定值上限或下限的单片机才做出响应

DS18B20 复位成功后，一旦总线控制器探测到总线的一个存在脉冲，就可以发出 5 个 ROM 命令中的任一个，所有 ROM 操作命令都是 8 位长度。具体的操作命令如下：

❑ Read ROM[33h]命令：该命令允许总线控制器读到 DS18B20 的 8 位系列编码、唯一的序列号和 8 位 CRC 码。只有在总线上存在单个 DS18B20 时才能使用此命令。如果总线上有不止一个从机，当所有从机试图同时传送信号时就会发生数据冲突（漏极开路连在一起开成相与的效果）。

❑ Match ROM[55h]命令：匹配 ROM 命令，后跟 64 位 ROM 序列，让总线控制器在多点总线上定位一个特定的 DS18B20。只有和 64 位 ROM 序列完全匹配的 DS18B20 才能响应随后的存储器操作命令。所有和 64 位 ROM 序列不匹配的从机都将等待复位脉冲。这条命令在总线上有单个或多个器件时都可以使用。

❑ Skip ROM[CCh]命令：该命令允许总线控制器不用提供 64 位 ROM 编码就使用存储器操作命令，在单点总线情况下用以节省时间。

例如，向 DS18B20 写一个 dat=0xCC 字节，跳过读序列号的操作，代码如下：

```
void WriteOneChar(unsigned char dat)
{
    unsigned char i=0;
    for (i=8; i>0; i--)
    {
        DQ = 0;
        DQ = dat&0x01;//先写低位
        Delay(5);
        DQ = 1;
        dat>>=1;
    }
}
```

❑ Search ROM[F0h]命令：当一个系统初次启动时，总线控制器可能并不知道单线总线上有多少器件或它们的 64 位 ROM 编码。搜索 ROM 命令允许总线控制器用排除法识别总线上的所有从机的 64 位编码。

❑ Alarm Search[ECh] 命令：该命令和 Search ROM 相同，只有在最近一次测温后遇到符合报警条件的情况，DS18B20 才会响应这条命令。报警条件定义为温度高于 TH 或低于 TL。只要 DS18B20 不掉电，报警状态将一直保持，直到再一次测得的温度值达不到报警条件。

③ 存储器操作命令

RAM 操作命令的指令、约定代码和功能如表 10-8 所示。

表 10-8　RAM 指令表

指　　令	约定代码	功　　能
温度变换	44H	启动 DS18B20 进行温度转换，12 位转换时最长为 750ms（9 位为 93.75ms）。结果存入内部 9 字节 RAM 中
读暂存器	0BEH	读内部 RAM 中 9 字节的内容
写暂存器	4EH	发出向内部 RAM 的 3、4 字节写上、下限温度数据命令，紧跟该命令之后，是传送两字节的数据
复制暂存器	48H	将 RAM 中第 3、4 字节的内容复制到 EEPROM 中
重调 EEPROM	0B8H	将 EEPROM 中内容恢复到 RAM 中的第 3、4 字节
读供电方式	0B4H	读 DS18B20 的供电模式。寄生供电时 DS18B20 发送 0，外接电源供电 DS18B20 发送 1

❑ Write Scratchpad[4E]命令：该命令向 DS18B20 的暂存器中写入数据，开始位置在地址 2。接下来写入的两个字节将被存到暂存器中的地址位置 2 和 3。可以在任何时刻发出复位命令来中止写入。

❑ Read Scratchpad[BEh]命令：该命令读取暂存器的内容。读取将从字节 0 开始，一直进行下去，直到第 9 字节（字节 8，CRC）读完。如果不想读完所有字节，控制器可以在任何时间发出复位命令来中止读取。

例如，读取温度转换结果步骤如下。

首先，发读取暂存器命令，代码与实现跳过读序列号操作代码一样：

WriteOneChar(0xBE);

然后读取温度转换结果的低 8 位：

a=ReadOneChar();

最后读取温度转换结果的高 8 位：

b=ReadOneChar();

ReadOneChar()函数的代码如下：

```
unsigned char ReadOneChar(void)        //读一个字节
{
    unsigned char i=0;
    unsigned char dat = 0;
    for (i=8;i>0;i--)
    {
    DQ = 0;                            //给脉冲信号
    dat>>=1;
    DQ = 1;                            //给脉冲信号
    if(DQ_7)
    dat|=0x80;
```

```
        Delay(4);
    }
    return(dat);
}
```

- ❑ Copy Scratchpad[48h]命令：该命令把暂存器的内容复制到 DS18B20 的 EEPROM 中，即把温度报警触发字节存入非易失性存储器里。
- ❑ Convert T[44h]命令：该命令启动一次温度转换而无需其他数据。温度转换命令被执行，而后 DS18B20 保持等待状态。如果总线控制器在这条命令之后跟着发出读时间隙，而 DS18B20 又忙于做时间转换，DS18B20 将在总线上输出 0，若温度转换完成，则输出 1。

例如，向 DS18B20 写一个字节 0x44，即可启动 DS18B20 进行温度转换，代码与实现跳过读序列号操作代码一样。

- ❑ Recall EEPROM[B8h]命令：这条命令把报警触发器里的值复制回暂存器。这种操作在 DS18B20 上电时自动执行，这样器件一上电，暂存器里马上就存在有效的数据。若在这条命令发出之后发出读时间隙，器件会输出温度转换忙的标识：0=忙，1=完成。
- ❑ Read Power Supply[B4h]：若把这条命令发给 DS18B20 后发出读时间隙，器件会返回它的电源模式：0=寄生电源，1=外部电源。

2）键盘处理程序设计

键盘处理程序主要包括工作模式切换模块、自动模式模块和手动模式模块。手动模式模块包括 ADD 键通道加 1 和按 DEC 键通道减 1 这两个功能模块。

（1）键盘的接口以及相关变量的定义

键盘接口变量名称要和电路对应，其定义主要是在头文件中完成，变量的定义如下：

```
#ifndef __MAIN_H__
#define __MAIN_H__
#include <at89x52.h>
#define DEC_KEY    (!(P1_4))
#define ADD_KEY    (!(P1_5))
#define SET_KEY    (!(P1_6))
#endif
```

（2）工作模式的切换

4 路温度采集显示系统有两种工作模式，通过 SET_KEY 键实现自动模式和手动模式的切换。

```
if(SET_KEY)
    {
        mode = ~mode;              //工作模式切换
        if (mode==1) EA=1;         //在自动模式下开中断
        else EA=0;                 //在手动模式下关中断
    }
```

（3）手动模式

在手动模式下，通过对 ADD_KEY 和 DEC_KEY 按键进行操作，实现通道的加 1 和通道的减 1。

```
if(ADD_KEY && mode==0)                    //手动模式下通道加 1
  { ShortDelay();
    if(ADD_KEY)
      {
        i++;
        if (i==4) i=0;
        display[0]=i+1+'0';
      }
      while(ADD_KEY)read_display_temp();
  }
if(DEC_KEY && mode==0)                     //手动模式下通道减 1
  { ShortDelay();
    if(DEC_KEY)
      {
        if (i==0) i=3;
        else i=i-1;
        display[0]=i+1+'0';
      }
      while(DEC_KEY)read_display_temp();
  }
```

（4）自动模式

在自动模式下，通过定时器 T0 中断函数实现每隔 3s 更换一个通道，每个循环更换 4次，一直循环执行下去。

```
void timer0(void)   interrupt 1 using 1
{
THO=0x3C;                                  //定时器 T0 的高 4 位赋值
TL0=0xB0;                                  //定时器 T0 的低 4 位赋值
irq_count++;
if (irq_count>=60)                         //自动模式下 3s 换一个通道
    { irq_count = 0;
      i++;
      if (i==4) i=0;
      display[0]=i+1+'0';
    }     //end if (irq_count>=20)
}
```

3）温度采集程序设计

（1）温度采集接口定义

温度采集接口变量名称要和电路对应，其目的就是为了方便编程和阅读程序，定义如下：

```
sbit DQ_0 = P1^0 ;                          //定义 DS18B20 总线 IO
sbit DQ_1 = P1^1 ;
sbit DQ_2 = P1^2 ;
sbit DQ_3 = P1^3 ;
```

（2）读取温度

根据 DS18B20 的通信协议，主机控制 DS18B20 完成温度转换必须经过 3 个步骤：

① 每次读写之前要对 DS18B20 进行复位（初始化）。

② 复位成功后发送一条 ROM 命令。

③ 最后发送 RAM 命令，完成对 DS18B20 的操作。

以对 DQ_0 为例进行说明，温度转换过程如下：

```
void Init_DS18B20_1(void)                   //初始化 DS18B20
{
    DQ_0 = 1;                               //DQ 复位
    Delay(8);                               //稍做延时
    DQ_0 = 0;                               //单片机将 DQ 拉低
    Delay(80);                              //精确延时大于 480μs
    DQ_0 = 1;                               //拉高总线
    Delay(14);
    Delay(20);
}
unsigned char ReadOneChar_1(void)           //读一个字节
{
    unsigned char i=0;
    unsigned char dat = 0;
    for (i=8;i>0;i--)
    {
        DQ_0 = 0;                           //给脉冲信号
        dat>>=1;
        DQ_0 = 1;                           //给脉冲信号
        if(DQ_0)
        dat|=0x80;
        Delay(4);
    }
    return(dat);
}
void WriteOneChar_1(unsigned char dat)      //写一个字节
{
    unsigned char i=0;
    for (i=8; i>0; i--)
    {
        DQ_0 = 0;
```

```
        DQ_0 = dat&0x01;
        Delay(5);
        DQ_0 = 1;
        dat>>=1;
    }
}
```

完成上述温度转换后，读取温度的程序如下：

```
unsigned int ReadTemperature(void)              //读取温度
{
    unsigned char a=0;
    unsigned char b=0;
    unsigned int t=0;
    float tt=0;
    switch(i)
      { case  0 :   Init_DS18B20_1();
                    WriteOneChar_1(0xCC);        //跳过读序号列号的操作
                    WriteOneChar_1(0x44);        //启动温度转换
                    Init_DS18B20_1();
                    WriteOneChar_1(0xCC);        //跳过读序号列号的操作
                    WriteOneChar_1(0xBE);        //读取温度寄存器
                    a=ReadOneChar_1();           //读低8位
                    b=ReadOneChar_1();           //读高8位
                    break;
        case  1 :   Init_DS18B20_2();
                    WriteOneChar_2(0xCC);        //跳过读序号列号的操作
                    WriteOneChar_2(0x44);        //启动温度转换
                    Init_DS18B20_2();
                    WriteOneChar_2(0xCC);        //跳过读序号列号的操作
                    WriteOneChar_2(0xBE);        //读取温度寄存器
                    a=ReadOneChar_2();           //读低8位
                    b=ReadOneChar_2();           //读高8位
                    break;
        case  2 :   Init_DS18B20_3();
                    WriteOneChar_3(0xCC);        //跳过读序号列号的操作
                    WriteOneChar_3(0x44);        //启动温度转换
                    Init_DS18B20_3();
                    WriteOneChar_3(0xCC);        //跳过读序号列号的操作
                    WriteOneChar_3(0xBE);        //读取温度寄存器
                    a=ReadOneChar_3();           //读低8位
                    b=ReadOneChar_3();           //读高8位
                    break;
        case  3 :   Init_DS18B20_4();
                    WriteOneChar_4(0xCC);        //跳过读序号列号的操作
                    WriteOneChar_4(0x44);        //启动温度转换
```

```
                        Init_DS18B20_4();
                        WriteOneChar_4(0xCC);        //跳过读序号列号的操作
                        WriteOneChar_4(0xBE);        //读取温度寄存器
                        a=ReadOneChar_4();           //读低 8 位
                        b=ReadOneChar_4();           //读高 8 位
                        break;
            default    : break;
        }  //end switch(i)
    t=b;
    t<<=8;
    t=t|a;
    tt=t*0.0625;
    t= tt*10+0.5; //放大 10 倍输出并四舍五入
    return(t);
}
```

4）4 路温度显示程序

显示说明：正常状态下，每通道均以 XXX.X 的格式显示温度，如图 10-9 所示。

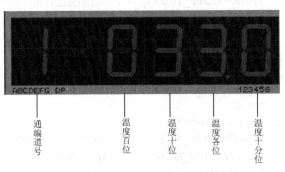

图 10-9　温度显示格式

（1）获取显示位

得到实际的温度后，还要按照显示温度格式获取通道编号、温度百位、温度十位、温度个位、温度十分位，通道编号放在 display[0]中，代码如下：

```
void Disp_Result(unsigned int temp)
{   display[2]=temp/1000+'0';
    display[3]=temp/100%10+'0';
    display[4]=temp%100/10+'0';
    display[5]=temp%10+'0';
    return;
}
```

（2）数码管接口及相关变量定义

① 数码管接口定义。数码管接口定义是在头文件中完成的，数码管的个数根据硬件实际连接修改，最多 8 个，最少 3 个。

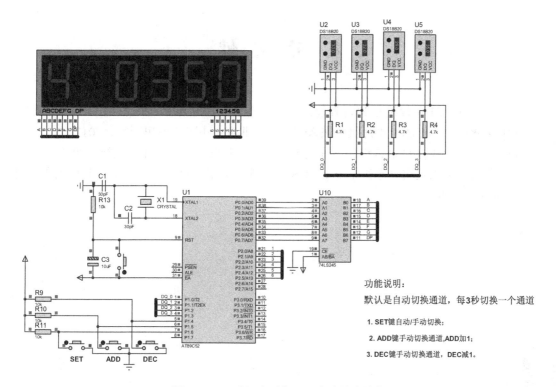

图 10-10　4 路温度采集显示电路仿真结构

参 考 文 献

[1] 郭天祥. 51 单片机 C 语言教程. 北京：电子工业出版社，2010

[2] 关永峰，于红旗. 单片机与嵌入式系统. 北京：电子工业出版社，2012

[3] 彭伟. 单片机 C 语言程序设计实训 100 例. 北京：电子工业出版社，2009

[4] 任哲. 嵌入式实时操作系统 μC/OS-II 原理及应用. 第 2 版. 北京：北京航空航天大学出版社，2009